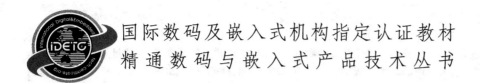

国际数码及嵌入式机构指定认证教材
精通数码与嵌入式产品技术丛书

三维动画入门案例制作

主　编　张　英
副主编　李德兵　杜鹤民　牛立一

北京航空航天大学出版社

内 容 简 介

本书阐述了动画制作的入门基础知识、完整的动画设计与制作、动画的后期合成，并通过大量经典实例来引导读者，全面、系统、由浅入深地讲解中文版 3DS max 的基本功能、使用方法、3DS max 建模及动画制作的高级技巧。

书中配光盘 1 张，其内容包括各章制作中调用的造型线架和贴图，以及一些动画制作的常用素材。

本书适用于从事三维造型、动画设计、影视特效工作的初、中级用户，可作为高等院校电脑美术、影视动画等相关专业及各类 3DS max 培训班的案例教材，也可作为 3DS max 初学者的自学参考书。

图书在版编目(CIP)数据

三维动画入门案例制作/张英主编.—北京：北京航空航天大学出版社，2008.10
ISBN 978-7-81124-373-4

Ⅰ.三… Ⅱ.张… Ⅲ.三维—动画—图形软件，3DS MAX
Ⅳ.TP391.41

中国版本图书馆 CIP 数据核字(2008)第 143250 号

© 2008，北京航空航天大学出版社，版权所有。

未经本书出版者书面许可，任何单位和个人不得以任何形式或手段复制本书及其所附光盘内容。侵权必究。

三维动画入门案例制作

主　编　张　英
副主编　李德兵　杜鹤民　牛立一
责任编辑　孔祥燮　范仲祥

*

北京航空航天大学出版社出版发行
北京市海淀区学院路 37 号(100191)　发行部电话：010-82317024　传真：010-82328026
http://www.buaapress.com.cn　E-mail:bhpress@263.net
北京市松源印刷有限公司印装　各地书店经销

*

开本：787×1 092　1/16　印张：19.25　字数：493 千字
2008 年 10 月第 1 版　2008 年 10 月第 1 次印刷　印数：4 000 册
ISBN 978-7-81124-373-4　　　　定价：35.00 元(含光盘 1 张)

《精通数码与嵌入式产品技术丛书》
编委会

主　编
  国际数码及嵌入式技术（教育）认证机构　　杨恒博士

副主编
  任　勇　　清华大学电工电子中心　　主任　博士生导师
  许忠信　　清华大学电工电子中心　　副教授
  李林森　　上海交通大学信息技术学院　　副教授
  张华熊　　浙江理工大学信息电子学院　　副教授
  农　正　　广西民族大学　　副教授
  王志安　　邯郸学院　　教授
  王旭辉　　邯郸学院　　副教授
  万雅静　　河北机电职业技术学院　　副教授
  贾昌传　　西安思源学院　　教授
  孙津平　　西安铁路职业技术学院　　副教授
  惠鹏斌　　西安数字学院　　院长
  王　颖　　苏州工业园软件与服务外包职业学院　　副院长　教授
  陈　刚　　苏州工业园软件与服务外包职业学院　　副院长　教授
  李　伟　　西北工业大学自动化学院

序

　　随着数码与嵌入式技术时代的来临,人类在获得更多机遇的同时,也不得不面对一次又一次的挑战。20年前,很多人还从未接触过移动电话;而今天,全球手机产量为5亿部,数码相机产量为7000万部,单片机等微处理器的产量已经超过100亿片……目前,这一趋势还在不断地增长。

　　时代的竞争不只是资源的竞争,全球化人才的竞争和人才的争夺才是竞争的实质所在。

　　随着中国高等、职业及民办教育产业持续高速的投入与发展,教育规模空前宏大。例如,2004年全国共招收了460万正规本科生,其中在校大学生已达2 000万人。2007年是我国高校毕业生继续大幅增加的一年,全国普通高校毕业生已超过400万人,就业形势更为严峻。因此,大批即将就业和待就业人员迫切需要能够掌握当前企业急需技能的培训教程。

　　相对严峻的就业形势是:目前蓬勃发展的数码技术、手机及消费类电子服务及维护市场人才严重缺乏。手机、笔记本、汽车电子、数码相机及动漫科技等数码产品的设计、生产、售后服务需要大批经过严格训练的人才。根据对全国人才市场的评估,国内急需的数码、嵌入式及动漫科技人才达数百万。新加坡、欧美等国家和香港地区需要大量数码、手机及动漫科技人才的输入,这给中国数码技术行业提供了向全球各地输送数码人才的机会。

　　本系列丛书就是顺应这一市场需求而推出的,包括:
《零起点学单片机与CPLD/FPGA》
《汽车电子实用技术指南》
《笔记本电脑原理与维修维护技术指南》
《数据库程序JAVA软件开发》
《三维动画入门案例制作》
　　……

　　IDETCO的英文全称为International Digital & Embedded Technology Certificate Org.,中文全称为国际数码及嵌入式技术教育(认证)机构。2005年,IDETCO由一批来自世界各国的专家创立,美国密歇根大学教授Prof. Sven E Widmalm担任IDETCO认证委员会主席。IDETCO创立的目的是在全球范围发展科技职业教育,提供国际标准的从科技培训设备、教材到认证评估、职业推荐的教育体系。IDETCO的培训学习认证体系得到一批跨国公司和国际权威人事部门的认可。

21世纪,当世界各国都将焦点集中在中国之时,IDETCO也将为中国的高科技、数码、嵌入式及动漫科技的人才培养做出积极的贡献。

　　即将出版的这套"精通数码与嵌入式产品技术"系列丛书,就是针对目前消费类电子的教材错误太多、内容陈旧、不成系统,且忽略了实用性和维修学习内在的规律性,不适合教学使用的现状而及时推出的。本系列丛书既适合于计算机、电子、控制、动漫科技及信息等相关专业的在校大学生学习,也可以作为专业人士和维修人员常备的工具书。此外,本系列丛书还被IDETCO资格认证考试指定为惟一教材。

　　本系列丛书将传达我们的培养理念:揭秘数码与嵌入式技术,培养具有实战经验与专业技能的实战型白领人才。

杨　恒
2007年4月

前　　言

　　作为没有能源消耗的新兴产业和创意产业，动漫产业被称为21世纪最具潜力的朝阳产业之一，它在满足人们精神文化需求的同时，正逐步成为国家的支柱产业之一。在我国，动漫设计成为方兴未艾的朝阳产业。与世界发达国家相比，中国的动漫才刚起步，对动画人才的培养还比较滞后，还没有形成高质量的供给。

　　面对当前中国动画市场的需求，我们编写了本书。这是一本专门讲解动画设计、动画制作和动画后期制作技术的基础类图书，是动画制作的标准培训教材。本书共分9章：第1章介绍了动画的发展趋势、动画的定义、动画师应具备的能力以及动画片的基本类型。第2章从动画制作的几个阶段、动画制作的工具、动画剧本的编写、角色开发的思维方式和具体画法到如何进行景别划分等几节详细介绍了动画制作的整个流程。通过第1章和第2章的学习，可以使读者对动画设计有深层次的理解。第3章通过一个个具体实例详细讲解了基本二维元素建模、基本三维元素建模、复合物体建模与多边形建模制作。第4章详细介绍了材质属性、材质编辑器和材质类型等内容，从而使读者对材料编辑有了认识，再结合材质编辑综合实例，可以帮助读者进一步掌握材质制作的方法和技巧。第5章讲解了灯光属性、"标准"灯光、"光度学"灯光和"日光"系统，并结合实例使读者掌握灯光的创建和调整灯光的方法与技巧。通过第3~5章的学习，可以使读者对三维动画图形制作有一定的了解。第6章讲解了动画设置时间、创建动画路径、调整编辑动画以及创建摄影机和曲线编辑器等内容。第7章介绍了粒子系统的类型及非事件驱动粒子系统，并且通过实例介绍了粒子系统的制作技巧。第8章介绍了如何设置输出属性参数、输出路径动画、动画视频格式以及如何进行网络渲染等内容。第9章主要讲解了合成的基本原理、常用后期合成的软件以及如何进行最终动画输出等内容。通过对第6~9章的学习，可以使读者将动画设计灵感通过电脑技术呈现出来。在每章的后面，都有配套的思考与练习题，可以帮助读者对每章有更好的理解和掌握。

　　本书内容不仅适用于3DS max的初学者，也适用于有一定基础并想在动画制作这一领域发展的读者朋友。它以目前最新版本的中文版3DS max 9为基础，采用"零起点学基础，应用实例提高技能，指导练习体验设计"的写作模式，深入浅出地介绍了3DS max的基本操作、建模技巧、灯光布置和材质表现、动画制作等内容。其操作步骤详略得当、重点突出，理论讲解虚实结合、简明实用。读者只要认真学习，即可利用3DS max制作出效果逼真的三维动画。书中以丰富的实例、简洁流畅的文字、循序渐进的操作过程使读者通过一步步的操作,不但可以掌握三维动画制作,更能领悟作者的创意思想,激发自己的创作灵感。

  为了方便读者学习、使用本书,特别制作了配套资料光盘。其内容包括各章学习课件及制作中调用的造型线架和贴图,以便读者在实例学习过程中可以随时调用光盘中的相关内容;还包含了一些动画制作的常用素材,希望能对读者有所帮助。

  本书由张英主编,李德兵、杜鹤民、牛立一任副主编(排名不记先后)。其中:牛立一老师编写的第1、2章。杜鹤民老师编写第3、7章;张英老师编写第4、5章,并负责全书的统稿、修改及收集、整理、制作配套光盘工作;李德兵老师编写第6、8、9章。每位老师各尽所长,结合长期的工作经验编著本书,希望本书能给读者在学习动画的过程中带来帮助。

  由于写作时间紧迫,书中难免有一些疏漏之处,敬请同行和广大读者批评指正。

编 者
2008 年 9 月

本教材还配有教学课件。需要用于教学的教师,请与北京航空航天大学出版社联系。北京航空航天大学出版社联系方式如下:

通信地址:北京海淀区学院路 37 号北京航空航天大学出版社教材推广部

邮 编:100191

电 话:010-82317027

传 真:010-82328026

E-mail:bhkejian@126.com

目 录

第1章 动画概述 … 1

1.1 动画的国内、国际发展趋势 … 1
- 1.1.1 国际发展趋势 … 1
- 1.1.2 国内发展趋势 … 4

1.2 何谓动画 … 5
- 1.2.1 动画定义之一 … 5
- 1.2.2 动画定义之二 … 6
- 1.2.3 动画定义之三 … 6

1.3 学习动画制作的两个误区 … 7
- 1.3.1 误区一：动画就是绘画 … 7
- 1.3.2 误区二：会操作计算机就能制作出优秀的动画片 … 7

1.4 动画师应具备的能力 … 7
- 1.4.1 丰富的知识积累 … 7
- 1.4.2 娴熟的专业技巧 … 8

1.5 动画片的基本类型 … 11
- 1.5.1 影院动画片 … 11
- 1.5.2 电视动画片 … 11
- 1.5.3 广告动画片 … 12
- 1.5.4 网络游戏动画 … 12
- 1.5.5 试验动画 … 12

思考与练习 … 13

第2章 动画制作流程 … 14

2.1 动画制作的阶段 … 14
- 2.1.1 筹备阶段 … 14
- 2.1.2 绘制阶段 … 19
- 2.1.3 后期合成阶段 … 20

2.2 动画制作的工具 … 20
- 2.2.1 传统工具 … 20
- 2.2.2 现代工具 … 20

2.3 动画剧本的编写 … 20

2.4 动画角色的开发 … 21
- 2.4.1 灵感的来源 … 21

2.4.2 建立一个"思想银行" …… 23
2.5 一个创意 …… 23
2.6 角色开发的具体画法 …… 24
　　2.6.1 人物头部画法 …… 24
　　2.6.2 身体的画法 …… 29
　　2.6.3 经典赏析 …… 31
2.7 景别的划分 …… 34
　　2.7.1 远　景 …… 34
　　2.7.2 全　景 …… 34
　　2.7.3 中　景 …… 34
　　2.7.4 近　景 …… 35
　　2.7.5 特　写 …… 35
2.8 经典特写赏析 …… 35
思考与练习 …… 36

第3章　三维动画模型制作 …… 37

3.1 关于 3DS max 建模 …… 37
3.2 3DS max 建模的工作界面 …… 38
　　3.2.1 视图类型及视图控制 …… 38
　　3.2.2 3DS max 的工具栏 …… 39
3.3 3DS max 的各种建模方法 …… 42
　　3.3.1 基本三维元素建模 …… 42
　　3.3.2 基本二维元素建模 …… 50
　　3.3.3 复合物体建模 …… 61
　　3.3.4 多边形建模 …… 78
思考与练习 …… 108

第4章　材质编辑 …… 109

4.1 材质属性 …… 109
4.2 认识材质编辑器 …… 109
　　4.2.1 材质编辑器的视窗区功能介绍 …… 110
　　4.2.2 将材质赋予指定对象 …… 112
4.3 材质类型 …… 113
　　4.3.1 标准材质属性 …… 113
　　4.3.2 贴图和贴图坐标 …… 118
　　4.3.3 贴图练习实例 …… 121
　　4.3.4 复合材质 …… 125
　　4.3.5 贴图类型 …… 133
4.4 材质编辑综合实例 …… 141

思考与练习·· 155

第5章　灯　光·· 156
5.1　灯光属性·· 156
5.2　"标准"灯光·· 158
　　5.2.1　基本参数·· 159
　　5.2.2　点光源——创建泛光灯灯光·· 161
　　5.2.3　创建一盏目标聚光灯灯光··· 163
　　5.2.4　创建平行灯灯光·· 168
　　5.2.5　建立一盏"天光"效果·· 170
5.3　"光度学"灯光··· 171
　　5.3.1　"光度学"灯光基本参数讲解·· 172
　　5.3.2　"光度学"灯光的应用·· 174
　　5.3.3　"光域网"的应用·· 180
5.4　"日光"系统·· 185
　　思考与练习·· 187

第6章　动画设置·· 188
6.1　设置动画时间·· 188
6.2　创建动画路径·· 194
6.3　调整编辑动画·· 198
　　6.3.1　使用"设置关键帧"模式创建动画··· 198
　　6.3.2　"设置关键帧"与"自动关键帧"的区别······································· 198
6.4　创建摄像机·· 207
6.5　轨迹视图·· 212
　　思考与练习·· 225

第7章　粒子系统·· 226
7.1　关于粒子系统·· 226
7.2　粒子系统的类型·· 226
7.3　非事件驱动粒子系统·· 227
　　7.3.1　创建方法·· 228
　　7.3.2　常规应用·· 228
　　7.3.3　主要参数·· 229
7.4　粒子系统制作实例·· 231
　　思考与练习·· 247

第8章　动画输出·· 248
8.1　设置输出属性参数·· 248

8.2　输出路径动画 ·· 250
8.3　动画视频格式 ·· 258
8.4　网络渲染 ·· 259
思考与练习 ·· 259

第9章　动画的后期合成 ·· 260

9.1　合成的基本原理 ··· 260
9.2　3DS max 合成——视频合成器 ·· 260
9.3　常用后期合成软件 ··· 282
9.4　最终动画输出 ·· 283
思考与练习 ·· 288

附录　光盘内容说明 ·· 289

参考文献 ·· 291

第 1 章　动画概述

1.1　动画的国内、国际发展趋势

1.1.1　国际发展趋势

动画制作是一种新型的产业。随着家用计算机的普及和性能的飞速提升,计算机动画技术的应用已经无处不在,并且成为全球 40 个最具创造性的高科技产业之一,具有可观的经济效益和社会效益。其远大的发展前景和旺盛的生命力具体表现在以下两方面。

社会生活方面:动漫产品无处不在,时刻影响着我们的生活,已经成为年轻人生活中的主流声音和生活方式之一。图 1-1~1-10 所示分别以米奇、Kitty、阿童木动漫形象制作的玩偶、耳机、文化衫、水壶、手机、手表及拖鞋等日常生活用品,是年轻人的最爱。

图 1-1　米奇玩偶

图 1-2　米奇耳机

图1-3 文化衫

图1-4 米奇电子产品

图1-5 水 壶

图1-6 钱 包

图1-7 手 表

图1-8 拖 鞋

图 1-9 家居饰品

图 1-10 各类小饰品

影视价值方面：以动漫形式拍摄的影视剧，具有可观的经济效益，商业的投资开发价值很大。例如图 1-11 以动漫作品为基础，改编成真人实拍的《蜘蛛侠 2》；图 1-12 是动画片《怪物史瑞克》三部曲之二，其强劲的票房收入，让人为之心动（影片《怪物史瑞克 2》首映 5 天的票房收入超过 1.25 亿美元，从而创造了动画片首映新纪录，同时也打破了《指环王：王者归来》在 2007 年年底创下的首映 5 天票房收入 1.24 亿美元的最高纪录。该片仅在 5 月 22 日一天的票房收入就高达 4 480 万美元，这是好莱坞电影单日票房收入的新纪录，打破了《蜘蛛侠》2006

年创下的单日收入4 360万美元的最高纪录。而从首映3天的票房来说,该片也仅次于《蜘蛛侠》创下的1.14亿美元的最高记录,排名第二)。

图1-11 《蜘蛛侠2》

图1-12 《怪物史瑞克》

1.1.2 国内发展趋势

相比国外动漫产业大国,中国动漫产业综合发展水平整体落后。仅从中国动漫市场占有率来看,中国自己或合资(包括港台地区)的原创动漫作品仅占中国动漫市场的10%。图1-13所示为2005—2010年中国网络动漫市场规模图。而日本动漫产品占据了中国动漫市场约60%的份额,欧美动漫产品占据了约30%。近年来,国家对发展动漫产业给予了前所未有的高度重视,财政部专门设立了高达30亿元人民币的动漫产业发展专项资金,支持优秀动漫原创产品的创作生产、动漫素材库的建设和动漫人才的培养,建立动漫公共技术服务体系以及推动形成成熟的动漫产业链。以下面3点为例,说明国家从政策、环境、名称上都对动漫产业给予了明确的法律保护:

图1-13 中国网络动漫市场规模图

① 2006年4月29日,国家颁布了《关于动漫发展的若干问题》,从政策上加大了动漫发展的力度。

② 截止目前,国家在经济高度发达地区,如北京、上海、杭州、深圳、长春和苏州等地先后建立了动漫高新产业科技园。

③ 2007年5月1日,国家劳动部颁布了动漫职业代码X2-10-07-15。

1.2　何谓动画

何谓动画？有人说："美术片就是动画"；也有人说："三维制作就是动画"；还有人说："非真人电影就是动画"。不同人有不同说法，归根到底哪种说法是正确的呢？

对于动画（animation），国际动画组织的定义分为三种。

1.2.1　动画定义之一

动画定义之一：动画是作者根据自己的意图让没有生命的东西动起来，从而变得有生命。

让本来无生命、不会动的东西，不仅动了起来，赋予其生命，同时还有了自己的喜、怒、哀、乐，以及做事方式与个性特征，例如在迪士尼动画片《美女与野兽》中，不仅让不会动、无生命的茶壶与茶杯动了起来，而且还赋予它们现实生活中母女般可人的形象，如图 1-14 所示。

(a) 镜头之一

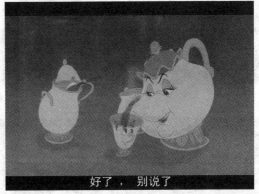

(b) 镜头之二

(c) 镜头之三

(d) 镜头之四

图 1-14　《美女与野兽》镜头

1.2.2　动画定义之二

动画定义之二：动画是根据作者的意图将原本有生命的东西在创作过程中变成新的生命体。

在英国动画片《战鸽快飞》中，鸽子是有生命的、会动的，根据作者的意图拟人化后鸽子已不再是一只普普通通的鸽子，而成为一名真正意义上的军人，并且通过艰苦训练、勇救战友、机智灭敌，赋予了原本普通的鸽子戏剧般的效果，使其成为一个新的生命体，如图1-15所示。

(a) 镜头之一

(b) 镜头之二

(c) 镜头之三

(d) 镜头之四

图1-15　《战鸽快飞》镜头

1.2.3　动画定义之三

动画定义之三：动画是根据作者的意图创作出来的动态和变化。

随着计算机技术的不断更新，现在许多动画影像并没有遵循"让没有生命的东西动起来，从而变得有生命"和"将原本有生命的东西在创作过程中变成新的生命体"的原则，而是通过图形和色彩等抽象的动态变化制作而成，这种影像也称为动画。这种动画常见于人们打开计算机听音乐的时候，是视觉、听觉结合在一起的视听艺术。

虽然动画包含以上3个层面的意义,但是作为新型产业和现代艺术的重要组成部分,动画无论是采用传统动画影片形式,还是现代数字形式,都是通过捕捉一系列单体动作影像,并通过快速顺序播放而产生的活动影像艺术与技术的完美结合体。

1.3 学习动画制作的两个误区

1.3.1 误区一:动画就是绘画

无须质疑,动画中的角色开发、道具设计、场景设计、构图原理及色彩设置都与绘画一脉相承,但仅有这些还是不能制作出优秀的动画片。动画除了必须掌握前面这些与绘画相关的知识外,还要懂得计算机新技术的应用和电影镜头语言的应用。

1.3.2 误区二:会操作计算机就能制作出优秀的动画片

在长期教学的过程中,发现许多学生被计算机软件强大的功能所折服,从而片面地认为会软件就会创作出优秀的动画,这不能不说是一大遗憾。随着计算机技术的迅速发展,软件技术已经越来越人性化,已经不再限制创作者了,而限制创作的只有创作者的想象力。无论什么动画都离不开美学的艺术特征、传统动画的运动规律、计算机新技术的应用以及电影的镜头语言。记住这4点并把它运用到动画制作中去,动画作品才能被人喜欢,商业附加值才能应运而增。

1.4 动画师应具备的能力

普勒斯顿·布莱尔在论述动画艺术家的职业特征时说:"动画艺术家的职业是集中了所有艺术家的才能而进行创作的,包括漫画家的幽默感、插画家的想象力、画家的表现力、音乐家的灵魂、银幕作家的思想等。"动画师不一定是所有艺术的专家,但是他们必须对各种类型的艺术都有所认识。动画艺术的基础理论是建立在传统文化艺术与现代数字技术之上的新学说,不了解丰富的文化艺术历史,不熟悉现代数字技术,就很难领会动画知识的含义。那么一名合格的动画师究竟应该具备什么样的能力呢?

1.4.1 丰富的知识积累

各种知识的学习、吸收和借鉴对从事动画创作十分重要。动画艺术家令人着迷的能力并不是凭空而来的,他们一生都在自我训练,一有机会就速写;他们经常用画笔记录生活的瞬间。没有得心应手的造型能力,是不可能准确地表达出生活情景和人物性格的。

除了造型能力外,动画规律、表演基础、文学基础、剧作知识、音乐知识、电影知识、人文历史和社会知识等,都要广泛关注。动画创作者有了丰富的知识积累才能在真实生活的基础上加以提炼、概括和夸张,为创作出有深度、有思想、有内涵、惹人喜爱的动画作品打下坚实的基础。这也就是像中国早期的动画作品《三个和尚》、《木头姑娘》、《朋友》、《号手》(见图1-16~1-19)都是通过对现实高度的提炼,常常令人叹服不已的原因所在。

图1-16 《三个和尚》场景

图1-17 《木头姑娘》场景

图1-18 《朋友》场景

图1-19 《号手》场景

1.4.2 娴熟的专业技巧

有了丰富的造型积累,不一定就能成为优秀的动画师,因为动画是一门特殊的专业,只有具备了丰富的知识和娴熟的专业技巧,才能成为一名优秀的动画师。

动画的专业技巧包括两方面:一是运动规律;二是时间控制。

动画制作与一般单幅的绘画创作有所不同,单幅创作运用三维(高度、宽度、深度)空间原理捕捉人物神情动态最典型、最生动的一瞬间;而动画制作运用五维(高度、宽度、深度、运动、时间)空间,把同一角色的形象画出具有目的性且连续动作的、任意角度的整个运动过程,不仅关键帧要选得好,要符合运动规律,还要计算出速度,并处理好动作节奏,因此相比一般单幅绘画创作难度更大。这就是说,除了造型能力外,还需要娴熟地掌握动画的专业技巧,才能制作出优秀的动画影片。动物及人的动作表现示意图如图1-20~1-24所示。

图 1-20 动物动作表现一

图 1-21 动物动作表现二

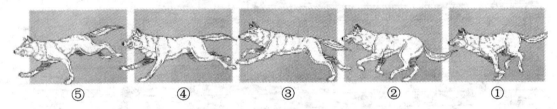

图 1-22 动物动作表现三

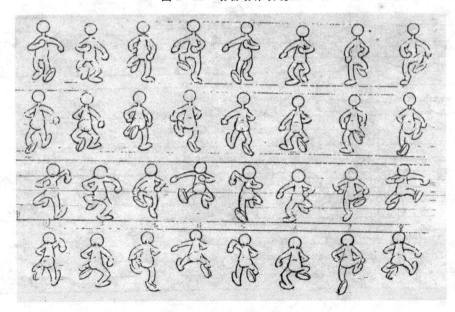

图 1-23 人的正面动作表现

图 1-24 人的侧面动作表现

1.5 动画片的基本类型

1.5.1 影院动画片

影院动画片就是用动画的手段制作的电影,故事大多根据文学作品改编,叙事结构严谨、规范,有明确的因果关系,例如日本动画电影《吸血鬼猎人 D》(见图 1-25)、《恶童》(见图 1-26)都是影院动画片中的典型例子。

图 1-25 《吸血鬼猎人 D》场景

图 1-26 《恶童》场景

1.5.2 电视动画片

电视动画片要求有明确的观众定位,通常由小故事组成大系列情节,既有所连贯,又独立成集,并创造出切合生活的故事内容与大众情感,例如日本电视动画片《火影忍者》(见图 1-27)、《钢之炼金术士》(见图 1-28)都很好地诠释了电视动画片的特征。

图 1-27 《火影忍者》场景

图 1-28 《钢之炼金术士》场景

1.5.3　广告动画片

广告动画片大多具有浓烈的商业味道,具有视觉冲击力强,运动速度快,镜头变化大等特点,意在通过视觉刺激效应产生经济效益,例如 adidas 奥运广告(见图 1-29 和图 1-30)。

图 1-29　adidas 奥运广告图一

图 1-30　adidas 奥运广告图二

1.5.4　网络游戏动画

网络游戏动画以商业娱乐为目的,为玩家们建立起一个假定时空虚拟世界,让他们从中体验现实生活中无法满足的刺激感和成就感,例如日本游戏动画《鬼武者 3》(见图 1-31 和图 1-32)。

图 1-31　游戏动画《鬼武者 3》场景之一

图 1-32　游戏动画《鬼武者 3》场景之二

1.5.5　试验动画

试验动画是最具挑战性和创造性的,它与主流商业动画片的区别在于具有试验的性质,又称艺术短片。作品浓烈地表达了艺术家对新材料、新人文、新概念和内心真实与现实真实的个人诠释,内容更具个性化、随意化,形式更趋新颖化、风格化。图 1-33~1-36 是 4 部看似漫不经心,实则匠心独具、新颖特别的个性化作品,很值得初学动画者好好体会、临摹、总结、创新。

图 1-33　艺术短片一

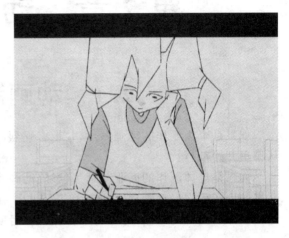

图 1-34　艺术短片二

图 1-35　艺术短片三

图 1-36　艺术短片四

思考与练习

(1) 动画设计运用在哪些领域?
(2) 动画片有哪些风格?

第 2 章 动画制作流程

2.1 动画制作的阶段

如果是个人制作的动画短片,并带有强烈的试验性质,那么制作的流程可根据自己的情况从哪里开始都行。

如果是集体制作的商业动画片(影院动画片和系列电视动画片),那么周密的计划工作与严格的生产程序是动画片这种庞大、繁杂的工作得以顺利进行的关键。

一部动画片的制作,可分为筹备、绘制、后期合成 3 个阶段。

2.1.1 筹备阶段

筹备阶段是一部动画片的关键性阶段,主题、受众群体、制作风格以及形象素材搜索、资金筹备、生产进度都要在这一阶段制订出具体、详细的工作计划。很多刚进入动画领域的动画新手,在开始独立制作动画时,往往一上来就开画,或者直接开始拍摄,结果总是适得其反,欲速则不达。

在动画片的筹备阶段,需要完成以下 5 项任务。

1. 企 划

企划是一部动画片是否能成功的关键阶段,讲什么样主题的故事,用什么样的风格去制作,以及制片问题,都要在动画绘制、拍摄前由制片人、导演、编剧和美术设计等结合市场需要确定下来。即使是初学者,也要从开始独立制作动画片起就要制订细致的前期计划。这不仅可以节省时间,同时也会节约经费。

2. 分镜头脚本

在企划做好的基础上,应紧扣故事的主题反复斟酌,并用分镜头脚本的形式将其视觉化具体地表现出来。通过分镜头脚本,把故事中的每一个场景明确下来,让所有参与创作的人员按照分镜头剧本中确定的场景开展自己的工作,这样产生的画面就会是统一的。分镜头脚本的好坏,从根本上决定了作品的优劣。图 2-1 是《向往蓝天》的分镜头脚本。

3. 标准造型设计(人物、场景、服饰、道具)

图 2-2~2-9 是《火神网》中的人物、场景、服饰和道具,希望大家好好体会、总结,并学以致用。

第 2 章　动画制作流程

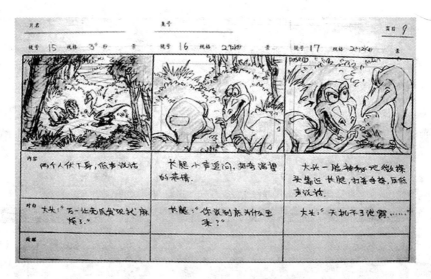

图 2-1　《向往蓝天》的分镜头脚本

图 2-2　《火神网》人物、服饰、道具之一

图 2-3　《火神网》人物、服饰、道具之二

图 2-4 《火神网》场景、道具之三

图 2-5 《火神网》场景、道具之四

图 2-6 《火神网》场景、道具之五

图 2-7 《火神网》场景、道具之六

图 2-8 《火神网》场景、道具之七

图 2-9 《火神网》场景、道具之八

4. 确定美术风格设计

动画片的美术风格有剪纸动画(《张飞审瓜》)、二维动画(《小号手》)、水墨动画(《牧笛》)、各种玩偶动画(《僵尸新娘》)、真人动画结合(《纳尼亚传奇》)以及三维动画(《最终幻想7》)等，如图2-10~2-15所示。确定动画片的美术风格设计，也就确定了动画片的基调，各个制作部门都会围绕着这个基调进行努力，更好地完成故事的叙述。

图 2-10 剪纸动画《张飞审瓜》

图 2-11 二维动画《小号手》

图 2-12 水墨动画《牧笛》

图 2-13 玩偶动画《僵尸新娘》

图 2-14 真人动画结合《纳尼亚传奇》

图 2-15 三维动画《最终幻想 7》

2.1.2 绘制阶段

从现在开始,动画制作进入到真正的艰难阶段。将设计好的标准造型,根据分镜头脚本的要求,按照摄影表上的说明,原画师制作出角色或场景的关键帧,然后把它们交给修型师,由修型师进行清稿。接着,动画师用自动铅笔在标准的、打好孔的纸张上作画,以保证绘制影像能够对准位置,保持角色形象前后一致。上色目前普遍用计算机进行,这不仅提高了效率,而且方便了修改。如果所制作的动画是数字化的,那么以上的工作就都是在计算机中完成的。除了前者是一张一张画出来的,后者是建模渲染而成这一差别外,其余工作完全一致。

在动画片的绘制阶段,需要完成以下 5 项工作:

(1) 制定摄影表 摄影表是导演对脚本上的每个镜头所做的动作指示、对白指示以及摄影指示的一种表格,如图 2-16 所示。

(2) 原　画　也称动画设计。原画的职责和任务是:按照剧情和导演的意图把每个镜头中角色动作的起止及转折的关键动态设计出来。概括地讲:原画就是运动物体关键动态的画。

(3) 动　画　也称中间画。动画的职责和任务是:将原画关键动态之间的变化过程,按照原画所规定的动作范围、张数及运动规律,一张一张地画出中间画来。概括地讲:动画就是运动物体关键动态之间渐变过程的画。

原画师和动画师的主要差别在于:原画师创作动作;而动画师是运用动画技法连接原画完成动作。

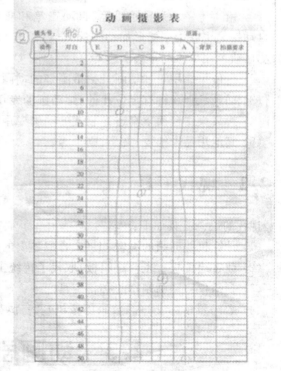
图 2-16 动画摄影表

(4) 动　检　指动画的绘制工作基本完成后,在拍摄之前,利用动检仪,将画好的铅笔稿拍成样片,供导演、原画师、动检师检验,以便发现问题,解决问题,直到没有问题。

（5）上　色　由于数字技术的飞速发展，动画上色也由原来的赛璐珞片上色改为全部使用计算机上色，使动画片制作更方便、更快捷，并且画面更稳定、更漂亮。

2.1.3　后期合成阶段

后期合成阶段的任务是校对拍摄，加入音乐、对白、音效，以及声音与画面的合成，即将拍摄好的无声样片，按照分镜头的顺序进行剪辑、录音、合成输出。这样，一部动画片就完成了，成就感油然而生。

2.2　动画制作的工具

数字化时代的今天，动画艺术的创作也与时俱进，除了传统的铅笔、纸外，还需要一台计算机，一台影像捕获设备——数码照相机、数码摄像机（DV）或是扫描仪，摄像机固定装置（三脚架），灯光，绘图板。动画制作的相关软件及专用的数字媒体设备都会在后面的章节中附实例进行介绍。

2.2.1　传统工具

传统的绘画工具如下：

（1）铅　笔　分为普通铅笔、自动铅笔和彩色铅笔3种。其中普通铅笔用来画草图、原图；自动铅笔主要用来修形加动画；而彩色铅笔一般只用红蓝两种，红色用于正稿或需要重视的地方，蓝色用于绘制草稿阴影等。

（2）定位尺　用于加动画及拍摄画好的动画。

（3）动画纸　一种有定位孔的、画动画的专用纸。

（4）拷贝桌　台面下有透光装置的动画专用装置。

（5）其他用品　橡皮、夹子、刷子等。

2.2.2　现代工具

现代的绘画工具如下：

（1）计算机　动画的编辑、上色、合成输出的必备工具。

（2）数字绘图板　也叫涂鸦板，取代了传统工具中的笔、纸、尺、桌等物品。

（3）扫描仪　动画制作的必备工具之一。

（4）数码照相机或DV（数码摄像机）及三脚架　用于搜集素材。

2.3　动画剧本的编写

要制作一部大多数人都有兴趣观看的动画片，首先要有一个故事，这个故事要求有一个好的故事框架，也就是说这个故事必须有开头、中间和结尾。人们对动画的认识只局限于其能够夸大变形或者幽默搞笑的手法,其实动画创作内容几乎包含了人们所知道的各种领域。

1. 原　创

原创是动画片作者对生活的直接体验、理解以及评价,并通过电影的语法规律进行创作的一种创作方法。

2. 改　编

改编是运用电影语言的语法规律,将其他文艺形式的作品进行再创作,赋予原作以新的艺术生命,使之成为动画片的创作过程。

2.4　动画角色的开发

动画制作中的角色,相当于传统影片中的演员,就像一个演员表演的好坏会导致一部影片的成败一样,一个角色的好坏也会给一部动画片命运烙上成败的印痕。那么,如何才能创造出一个让自己和别人都感兴趣的角色呢?下面的思路希望能对读者的学习有所帮助。

2.4.1　灵感的来源

提起灵感,许多人、许多教科书都有意、无意地导向——灵感是天赋特好的人与生俱来的。或许有这种天才,但我和我所接触的动画设计者都是经后天的各种训练逐渐越画越好的。总结工作中的经验和前辈们的感言,灵感大概有以下几种来源:

(1) 艺术教科书　在艺术类教科书中,不仅能感受到从古至今各个时期人类在艺术上取得的伟大成就,学到所喜欢的表现技法,而且更为重要是让动画师明确创作的方向,高效实现从学习到创作,从创作到有所成就的终极目的。图 2-17 所示就是艺术教科书中的一类。

图 2-17　艺术教科书

（2）科普类书籍　大自然的神奇，在很多时候超出了人们的想象。当要创作某个生物而又不熟悉它的生活习性和生存环境时，有关它的科普类书籍会给创作者带来新的灵感，让创作既新鲜神奇，又真实可信。图2-18所示的《考古的历史》就是科普类书籍中的一本。

图2-18　科普类书籍

（3）博物馆　博物馆是历史记忆最直接的再现。为了更好地表现故事中的场景和角色，尤其是历史题材的，博物馆中的藏品会赋予创作者的作品更多的文化内涵，让作品更加让人回味。图2-19所示就是有名的大英博物馆外景。

图2-19　大英博物馆外景

(4) 保持随时记录 "灵感来的时候,似乎是一些最平常不过的观念,但它逝去的时候,你苦思冥想也别想得到",这句话准确地道出灵感常常会在不经意间突然出现,继而又瞬间消失,正因为如此,最好随身携带记事本,在灵感消失前把它们用图画和文字记录下来,建立一个全息的画面。

(5) 网　络　网络巨大的信息资源,给人们提供了诸多便利,许多大师的作品,能非常低价、高效的为你服务,他们所能给你的灵感之多,远远超出你的想象力。

2.4.2　建立一个"思想银行"

建立一个"思想银行"的方法如下:

(1) 准备一本剪贴薄或者一个资料盒,用来储存感兴趣的东西,从书、报纸、杂志、网络或者其他任何地方收集动画明星和漫画明星的形象。

(2) 整理资料。方法有两种:一种是按照字母排序来分类;另一种是按照主题来分类。

(3) 经常往"思想银行"存入新鲜的想法,并且经常"光顾"它,那里尘封着积累来的东西,它们可能会在新的动画设计项目中派上用场。

(4) 如果有什么东西吸引了你,记得立刻把它画下来,记下来,拍摄下来并且存档。这样做不仅能够提高绘画水平和搜集水平,一段时间之后,还会有属于自己的"灵感目录"。在你的动画设计职业生涯中,尤其是在灵感枯竭的时候,查找目录就能找到再一次想起来的动力。从一个创意＋素材＋方法来完成个人角色的开发。

2.5　一个创意

下面以(驴人)艾佳为例进行介绍。

创意:(驴人)艾佳。

素材:驴的图片(见图 2-20)和人的图片。

图 2-20　驴的正面及侧面图片

下面介绍创意的3种方法：

1) 原型演绎法

快速综合素材，画出驴人的速写，确定所要的特征，强化它，并将它拟人化。下面首先建立驴人的特征：

姓　　名　艾佳

年　　龄　19岁

身　　高　160 cm

头发颜色　黑

特　　性　外表邋遢，精神萎靡

爱好的食物　方便面、可乐

作　　用　除上网玩游戏，对其他事情都没什么兴趣

职　　业　大三学生

参照建立的特征，加入你的想象力并完善它，它就是你绞尽脑汁创造出来的驴人。

2) "嫁接"法

在电影《纳尼亚传奇》中，"嫁接"法发挥了淋漓尽致的效果。例如武士＋战马创造出了纳尼亚的将军，并强化人的特征(见图2-2)；野牛＋战士创造出了冰雪女巫的将军，进而强化兽的本性(见图2-22)。

图2-21　电影《纳尼亚传奇》中的纳尼亚的将军

图2-22　野牛＋战士创造出冰雪女巫的将军

3) 局部借用法

时至今日，真正原创的灵感已经非常少了，在你的"思想银行"寻找一个和你想要的形象感觉相适的一个形象，截取所需要的部分，然后组装起来，夸张、变形、修整，直到所要的形象出现。需要记住的是，借用优秀造型，要为你的形象服务，但不能全部照办挪用，变借用为抄袭。

2.6　角色开发的具体画法

2.6.1　人物头部画法

1. 头　型

日本漫画学院函授教材中将人物头型分为6种，分别是圆形、鸭蛋形、长圆形、三角形、正

方形和陀螺形,如图2-23所示。当然也有很多人属于综合形,这就要求我们平常多观察、多比较。

2. 发型

图2-24所示是相同角色的头型,因发型的不同而角色性格发生了截然不同的变化。因此,在角色设计时,什么样的年龄、什么样的种族、什么样的地位、什么样的性格,都要反复推敲,慎重对待。

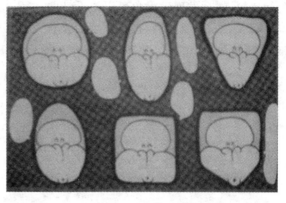

图2-23 头型

3. 五官

1) 眼、眉

"眼睛是心灵的窗户"以及"画龙点睛"等词语,都说明了眼睛在脸的各部分中最重要。动漫设计中各种类型的眼睛,都是从真人眼睛变化来的。通过眼睛可以表现动漫角色的性格,眼睛向上吊,显示敏锐和粗犷的性格;眼睛向下垂,看上去温和而乏力;眼睛距离宽的人,无忧无虑;眼睛距离窄的人,给人的感觉是多思而神经质。其他还有单眼皮、双眼皮、大眼睛、小眼睛等,都应在设计过程中仔细推敲,反复体会。

图2-24 发型(美国芬利·考恩绘)

眉毛与眼睛一样,在表达感情时起到重要的作用。常常把眉毛和眼睛一起考虑,因为眼睛的画法即使不变,只要让眉毛吊起来或垂下去,就能产生愤怒或哭丧脸的效果。在平常生活中,多注意观察,记录身边的人物,就会发现眼眉丰富的形态,再结合所能找到的动漫明星形象进行比较,就会发现动漫角色眼眉设计的途径。逐个用铅笔描绘例图(见图2-25~2-29)中日本动漫名家眼眉范例,将有不小的收获。图2-25~2-29就是日式人物眼眉画法的详尽资料,不管从刻画表情上、形状提炼上都是经典之作。

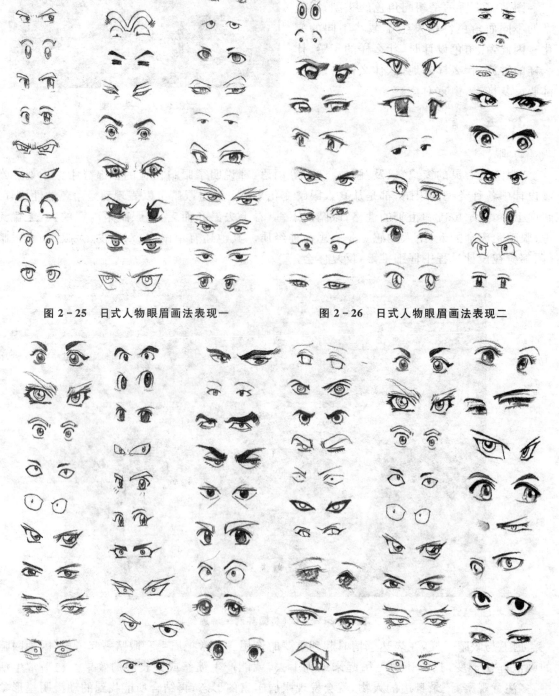

图2-25 日式人物眼眉画法表现一　　图2-26 日式人物眼眉画法表现二

图2-27 日式人物眼眉画法表现三　　图2-28 日式人物眼眉画法表现四

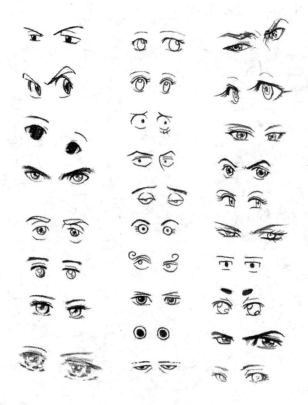

图 2-29 日式人物眼眉画法表现五

2) 鼻

鼻子位于脸的中央,在动漫角色设计中对于显示脸部表情起的作用不大,但对决定角色的个性却起着重要的作用。端正的鼻子给人以智慧的感觉,大鼻子给人以男性化的印象。

3) 嘴

大嘴巴的人,豪放大胆,精力充沛;小嘴巴的人,谨慎小心,缺乏竞争意识;嘴巴突出的人,充满野性;嘴巴凹入的人,气势弱等。在动漫角色设计中,不仅要注意嘴的基本形状,还要注意嘴在发音时音量、音调相应的口型,嘴形和发音结合得好不好,将直接影响到故事的趣味。嘴的表现如图 2-30 所示。

4) 耳

耳朵与表情无关,但是某些形式的耳朵有时可以给所设计的角色增添一些特点。

5) 头上和脸上的小道具

帽子:在动漫设计角色设计中,用来表现角色所属的社会阶层。

胡子:可以戏剧性地改变动漫角色的外观。图 2-31 中的人物有着相似的头部构造和面部特征,但是配上不同的胡子后,差异是多么的惊人。胡子不仅能表现出独特的脸,还可以在表现性格上发挥作用。

眼镜:在形状上有方、圆、三角、不规则之分;在颜色上有黑、白、红、蓝等之别;而镜腿有粗、细之分;尝试给你的角色加上不同的眼镜,让角色摇身一变。

6) 其 他

在动漫角色头部设计中,除了眼、眉、鼻、嘴、帽子、胡子外,眼罩、黑痣、伤疤、刺青、耳环等都能对表现角色独特性格增光添彩，如图2-32所示。

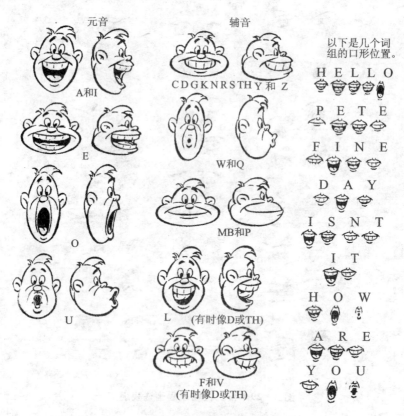

图2-30 嘴的表现

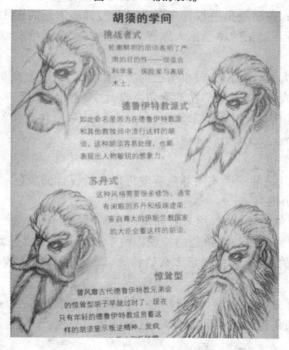

图2-31 胡子的表现

图 2-32 发饰及耳环表现

2.6.2 身体的画法

1. 身体比例

身体比例通常有 6 种,如图 2-33 所示。

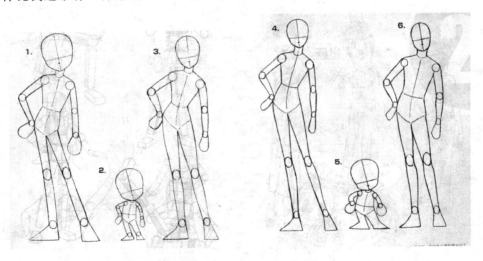

图 2-33 6 种身体比例

2. 几何体的运用

立方体、球体、圆柱体、圆锥体是描绘物体的最基本形状。用这些简单的几何体来构建复杂的人体,就会发现这是一个非常好的入门途径。图 2-34 所示为(美国)蒂纳绘制的人物动态几何体分析,希望读者好好体会并且应用到实际绘制动漫角色中去。

图 2-34 (美国)蒂纳绘制的人物动态几何体分析

3. 骨骼与肌肉

骨骼与肌肉的名称及分布,如图 2-35 和图 2-36 所示。

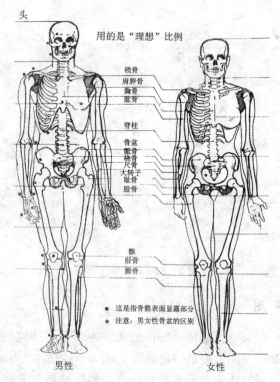

图 2-35 骨骼名称及分布

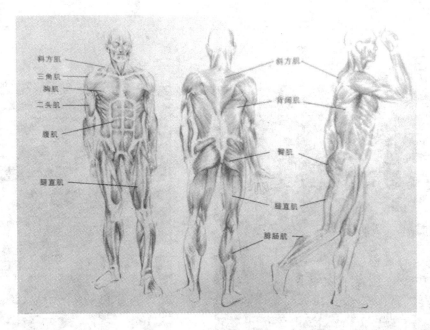

图 2-36 肌肉名称及分布

4. 动态线

在开始进行动漫角色构思时，就要考虑由头、颈、躯干直到着力脚所形成的一条动态线。当身体弯曲、扭转、转动或处于情绪激动时，身体需要自然地变换各种姿势，而动态线可以轻松帮助动漫角色设计者完成姿势的转变。构思好后，在细画身体的各部位之前，先用动态线勾画出身体大致的姿势，然后再沿着动态线进行逐项的细画。图 2-37 所示为（美国）蒂纳绘制的动态线。

2.6.3 经典赏析

图 2-38～2-44 的几幅图是由日本著名游戏动漫制作大师尾泽直志从创意构思开始直到线描正式稿结束的全过程。希望大家能反复临摹，从中体会创作方法。

图 2-37 动态线（美国蒂纳绘）

图2-38 第一步：用简单的笔触确定骨架的动态姿势

图2-39 第二步：添上简单的肌肉

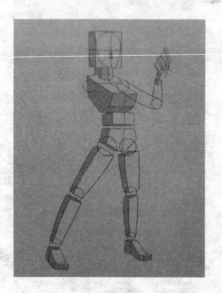

图2-40 第三步：用块面理解的方法归纳、调整立体感

图2-41 第四步：画出粗略的创意草图

图 2-42　第五步：深入刻画细部　　图 2-43　第六步：通过拷贝台画出最终线稿

图 2-44　第七步：用计算机上色完成

2.7 景别的划分

任何一部影院动画片、电视动画片都是一个镜头接一个镜头地进行绘制、拍摄,并依靠镜头与镜头之间的巧妙组接完成艺术创作的,如文字词组之于文学作品。镜头是动画艺术基本构成单位。

动画镜头的景别主要包括五大类:远景、全景、中景、近景和特写。以下通过美国动画片《花木兰2》的一段剧情来说明这些类别的不同。

2.7.1 远 景

远景是距离大、取景范围最广阔的一种景别,画面主要的表现环境以气色为主,人物为辅,造成一种整体画面的情绪和意境,如图2-45所示。

在远景中,角色的细部往往看不清,但却能常常体现出一种角色所在环境的整体感受,具有强烈的情绪色彩,并能表现环境规模,以角色为场景的主体来调整镜头,为空间感受做铺垫并提供必要的依据,所以很多动画片的开头都会用远景暗示故事发生、角色生长的时代背景,或者自然和社会的环境氛围。

2.7.2 全 景

与远景相比,全景最突出的不仅是画面内容要丰富得多,而且整个画面往往可以表现角色与场景的充分融合,使角色原处的具体环境空间、动作行为、动作方向及位置移动由模糊逐渐变得清晰起来,如图2-46所示。

图 2-45 远 景　　　　图 2-49 全 景

2.7.3 中 景

如图2-47所示,中景主要表现角色膝盖以上的部分。这一景别不仅要表现角色的半身行为动作,而且也能够比较清晰地表现人物及其所在的空间背景。它具有逼真再现日常生活的特点,是表演场面、叙事场面的常用镜头。

2.7.4 近景

如图 2-48 所示，近景主要表现人物胸部以上的活动情形和脸部表情。近景的艺术功效与特写有更多的相同之处，在影视作品的具体处理中，用特写还是用近景主要取决于故事情节发展的需要和作品风格。一般而言，如果导演追求纪实风格，则不会轻易用特写；相反，如果导演以情绪渲染浪漫色调为追求，则会较多地运用特写。

图 2-47 中景

图 2-48 近景

2.7.5 特写

对于特写，如果以人为参照，则拍摄两人以上的头部，并让其占满银幕。当然，特写的主题可以是人，也可以是物，可以是人的头部，也可以是手或足等任何一部分，关键是开演的意图。特写的直接作用就是，通过高度放大主体形象，将其周围一切扰乱视线的因素都排除在画框之外，以保证观众视线的专注。在动画艺术作品中，一个细节、一个暗示性的笔触有时要比仔细描绘的场景能告诉观众更多的东西。正是这个原因，使特写具有了极为丰富的表现力，例如，眼睛的顾盼、眉梢的颤动以及眉宇间的悲愤或杀机等不宜被人察觉的动作和情绪，都可以通过特写得到最醒目、最充分的表现，成为无声的语言。图 2-49 所示为特写的一个镜头。

图 2-49 特写

2.8 经典特写赏析

图 2-50 所示为《汽车总动员》片花。

在这组一个小女孩的头部特写中，皮萨斯的动画师们通过细致的观察、精确的表现让人们再次享受到动画电影表现的魅力。仔细读读这组图，体会什么是令人味同嚼蜡般说教式动画，什么是令人着迷的表演式动画。细节决定成败,不仅做人如此,制作动画更是如此。

图2-50 《汽车总动员》片花

思考与练习

(1) 动画设计的灵感来源于哪里?
(2) 如何把灵感呈现在纸上?

第 3 章　三维动画模型制作

3.1　关于 3DS max 建模

三维制作中的模型就像戏曲演出中的道具和演员,如果一个舞台上没有了演员和道具,则一切都变得没有意义。3DS max 的建模工作就是首先制作出需要的各种对象,它是三维动画的基础,是其他各项工作的前提。

在 3DS max 的模型制作中,包括了多种建模方法:基本三维元素建模、利用二维元素生成三维元素建模(常用的方法如挤压、车削)、复合物体建模、多边形建模、面片建模及 NURBS 建模等。

下面介绍各种常用建模方法的基本特点。

1. 基本三维元素建模

3DS max 提供了 10 种基本三维元素,它们是建立复杂模型的基础,既可以像堆积木那样用基本体搭建复杂场景,也可以通过转化命令把基本体转化为可编辑网格对象、可编辑多边形对象、NURBS 对象或面片对象,然后编辑生成复杂模型。

2. 利用二维元素生成三维元素建模

二维元素同基本三维元素一样,是三维建模的基础之一。二维元素通过修改命令,如挤压、车削以及合成物体中的放样等方法可以生成复杂的三维模型。

3. 复合物体建模

在 3DS max 9 中共有包括放样在内的 12 种复合物体建模方法。复合建模是指由两种或两种以上的对象结合,生成新物体的建模方法。

4. 多边形建模

多边形建模技术是目前 3DS max 中最常用的建模技术之一,尤其是在卡通、角色建模方面。多边形建模是基于对三维物体的点、线、面等几个层次的刻画修改,其操作手法如同雕塑,要求造型师有较好的美术功底,要始终清晰地把握住对象的结构。

5. 面片建模

面片建模现在使用较少,其特点是将模型的制作变为立体线框的搭建。它以二维元素为基础,类似于糊灯笼的方法,适于制作角色模型等。

6. NURBS 建模

NURBS 建模与多边形建模相比,其精确性更高。此方法更接近于工业标准要求,适用于工业产品造型的表现,但是 3DS max 的 NURBS 建模功能要逊色于犀牛(Rhino)软件,后者是目前最为好用的 NURBS 软件之一,被广泛用于工业产品造型设计。

总的来讲,3DS max 是一个功能非常强大的软件,特别是在建筑效果图表现、建筑动画、影视广告、影视片头、影视动画及游戏等领域。从建模角度来讲,3DS max 提供了非常广泛的选择。每个设计师都有自己的喜好,不能拘泥于某一种建模的方法,也不能简单地评判某种建模方法的优劣。在使用软件的过程中,对于操作者而言,追求的是结果而不是过程。在实际的操作中,往往是一个模型综合了多种建模技术,因此要系统地掌握各种建模方法。

另外,在提到建模技巧或整个软件技术时,必须明白一点,所谓的技巧来源于对基本知识和软件的透彻理解,脱离了基本知识去讲技术,实际上最终就会成为空中楼阁。因此,无论是初学者,还是熟练掌握 3DS max 软件的设计师,每次对软件基本知识及认识上的提高都会发现许多以前软件使用中没有注意到的技巧。

3.2　3DS max 建模的工作界面

3.2.1　视图类型及视图控制

在 3DS max 的工作界面中,默认的工作环境由 4 个视窗构成,分别是左视图、前视图、顶视图和透视图,如图 3-1 所示。前 3 种视图又称为正交视图,分别表示由 X、Y、Z 三个方向上

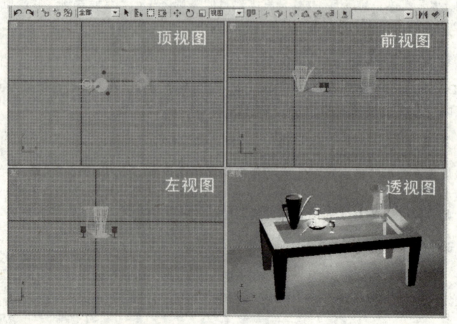

图 3-1　视图窗口

的两个方向构成的一个正交平面,是建模中必须要用到的视窗,任意两个正交视图的结合,就可以完整地表达物体的三维空间关系。

常用的视图类型还有摄影机视图、灯光视图等。

在3DS max工作界面的右下角是视图控制工具按钮,如图3-2所示。这8个图形按钮分别对视图进行各种显示操作。

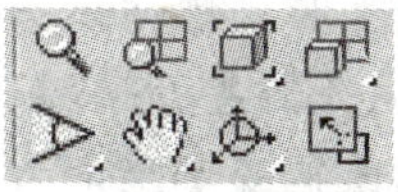

图3-2 视图控制工具按钮

3.2.2 3DS max 的工具栏

3DS max中对象操作的工具集中存放于工作界面顶部的工具栏中,这些工具用于完成操作对象的选择、各种变换、捕捉设定和渲染等功能,如图3-3所示。

图3-3 顶部工具栏

下面重点介绍建模中广泛使用的变换工具。

1. 变换工具的基本操作

3DS max的变换工具主要指 (选择移动工具)、 (选择旋转工具)和 (选择缩放工具)。这3个工具都具有选择的功能,可以在进行选择的同时执行变换操作。因此,在对物体进行变换操作之前,建议首先使用 (选择工具)进行选择,然后再执行相应的变换,这样就可以避免出现不必要的错误变换。

变换工具可以对选定对象进行变换操作,也可以在变换的同时按住键盘上Shift键进行复制,其方法和选项如图3-4所示。

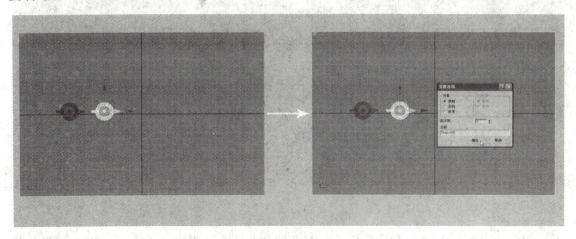

图3-4 变换复制

下面介绍3种复制方式的区别:

拷　贝　新对象与原对象不存在任何关系,是单纯的复制。

关　联　新对象与原对象具有关联关系,任何一个对象的参数修改都会影响其他对象。

参 照 新对象与原对象具有一定的关联关系,当原对象发生变换时,新对象也同时发生变换;但新对象变换时,原对象不一定发生变换。

对象解除关联的方法:如图3-5所示,进入 ◪ (修改命令)面板,单击修改器堆栈中的 ◪ 图标,可解除对象之间的关联关系。

2. 轴心点的选择

轴心点用来控制对象在旋转和缩放时的中心点,共有以下3种方式:

◪ (使用对象各自的轴点中心) 在变换时,选择对象会依据各自的轴心进行变换。

◪ (选择集的中心) 以选择对象的公共轴心(平衡点)作为变换基准,选择对象会绕同一轴心点进行变换。

◪ (坐标系中心) 选择的对象会使用同一轴心点进行变换,而且轴心点位于指定坐标系的中心。

图3-5 修改命令面板

小技巧:物体的自用轴轴心是在对象生成时就已经确定的,但可以被自由修改,方法是使用 ◪ (等级)面板中的调整轴心点操作,可以用移动工具改变其轴心的位置,如图3-6所示。

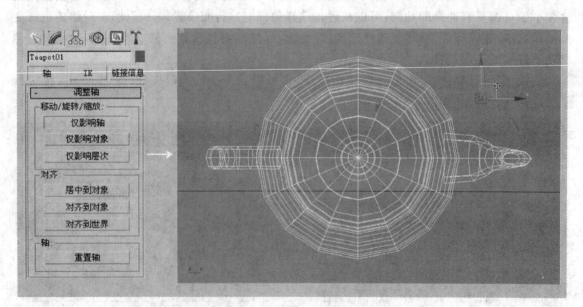

图3-6 轴心点的调整

拾取坐标系:在操作中有时会绕某一指定对象进行旋转,则可指定某一对象为参考坐标系,此时它的轴心点会作为坐标系的中心点,结合 ◪ (坐标系中心)可以进行变换操作。

3. 其他常用的辅助操作

◪ (角度锁定):用于按指定角度的倍数进行旋转操作,快捷键是 A 键。

第 3 章　三维动画模型制作

🔒（选择锁定）：按下键盘上的空格键,可以激活或关闭选择对象的锁定,将需要操作的对象锁定,可以使操作过程中保证操作的对象不被取消,以及避免误选择其他对象。

选择过滤器：使用选择过滤器时可以对选择的大类进行指定,以屏蔽其他类型的对象。如图 3-7 所示,默认为"全部",即选择所有类型对象,当指定某一类时,如"灯光",则只能选取"灯光"对象。使用选择过滤器可有效提高选择效率。

4. 修改器的基本操作

（修改命令）面板中集成了 3DS max 中的所有修改命令,可以对所有类型的对象进行修改,其主要功能包括：

- 改变现有物体的创建参数；
- 使用修改命令调整单个物体或一组物体的集合外形；
- 进入修改命令的次物体组,修改相应的参数；
- 删除修改。

修改面板中的修改命令是修改的主要操作方式,3DS max 9 中的修改命令按类别可分为 13 组,如图 3-8 所示。

图 3-7　选择过滤器　　　　图 3-8　修改命令的类别

默认情况下,在修改命令面板中不显示修改命令按钮,可以通过"修改器列表"下拉列表框来选择要使用的修改命令。在英文版的 3DS max 软件中,可以通过单击英文命令的首个英文字母来选择相应命令,但是在中文版中无此功能。在中文版中,为了提高修改命令的选择效率,可以通过单击 （配置修改器集）来显示工具按钮。

当寻找某个要使用的修改命令时,单击 会显示如图 3-9 所示下拉菜单。首先选择要使用的命令所在的命令组,然后单击"显示按钮"项,如图 3-10 所示,就会在命令面板中显示出修改命令按钮。

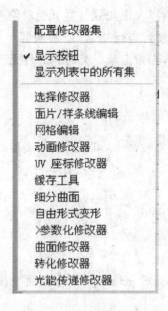
图 3-9　配置修改器集

图 3-10　修改工具的显示

3.3　3DS max 的各种建模方法

3.3.1　基本三维元素建模

3DS max 中提供了 10 种三维基本元素,可以用于创建基本的三维物体,而且通过参数化的控制,可以产生不同的几何形态。10 种基本三维元素如图 3-11 所示。

通过参数调整控制几何体的造型及三维元素的参数。如图 3-12 所示,其中的段数用于控制模型的精细度,三维元素的段数值越大,物体的变形能力越强。如图 3-13 所示,左图为段数值为 1 的情况下物体的弯曲(bend)效果,右图为段数值为 10 的情况下物体的弯曲效果。必须注意的是,物体的段数值增大会成倍地提高物体的面数,而物体的面数决定了场景的复杂度,段数越多,则面数越多,场景越复杂,机器的运行速度就会相对降低。如图 3-14 所示,左图为段数为 30 的情况下球体的面数,右图为段数为 100 的情况下球体的面数(按快捷键 7,会在视图左上角显示选择物体的面数,Polys 为面数值,Verts 为节点数)。因此,在建立物体模型时,要掌握一个基本原则:在保证模型精度的前提下,段数值越小越好。

图 3-11　基本三维元素

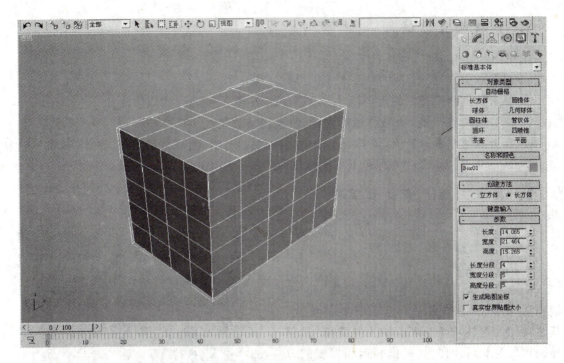

图 3-12 基本参数的控制

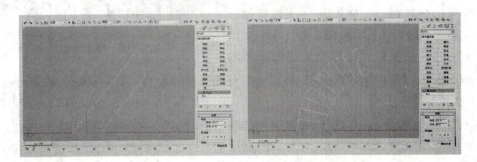

图 3-13 段数对模型变形能力的影响

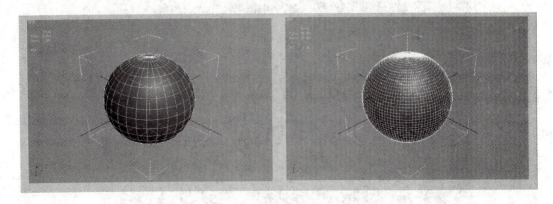

图 3-14 段数对面数的影响

1. 参数调整方法

在 3DS max 中,输入数值的方法如下:
① 双击数值框,数值变为蓝色,然后直接输入新的数值。
② 单击数值调整按钮的上下箭头，对数值框中的数值进行微调修改。
③ 在数值调整按钮上按住鼠标左键,快速调整数值。
④ 双击数值框中的数值,使其处于选中状态,然后右击,出现快捷菜单,进行"拷贝"或"粘贴"操作。这也是使两个物体保持某些参数一致的一种常用的快捷方法。

2. 基本三维元素建模举例

(1) 制作内容:吧台。
(2) 吧台模型效果:如图 3-15 所示。
(3) 制作思路分析:

使用的基本三维元素包括"管状体"和"四棱锥"。吧台的主体由开放的圆管物体组成,基座、台面、主体均为圆管,并且内径相同,但外径和高度不同,因此在制作时运用复制的方法,由基座部分开始制作,通过移动复制和修改参数得到其余各部分。修饰部分的四棱锥呈放射状排列,生成一个四棱锥,其余几个运用旋转复制的方法得到。在旋转复制时要考

图 3-15 吧台模型效果

虑到旋转轴心的选择,使用拾取坐标系,指定吧台圆管体的中心为参考坐标系的轴心点。

(4) 制作步骤:

在 (生成命令)面板中,选择"标准基本体"→"管状体"选项,在顶视图制作底座,其参数设置如图 3-16 所示。"高度分段"和"端面分段"值指定为 1,使模型的面数值尽可能的少,勾选"切片启用",并调整切开值,使圆柱体为开放型。

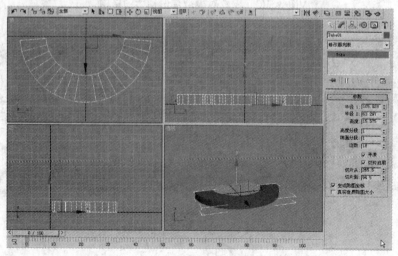

图 3-16 创建底座

① 按住 Shift 键，使用"移动"工具向上移动复制底座（注意：在移动时，当鼠标放在 Y 轴上时，Y 轴变为黄色，表示此时只能沿上下方向移动。同理，通过改变鼠标的位置，可控制的方向会变为黄色，由此来约束变换的方向），然后进入 ✎（修改命令）面板，对新复制出的管状体参数进行调整，减小"半径 1"的值，使其外径变小，并增大其高度，复制出吧台的主体，如图 3-17 所示。

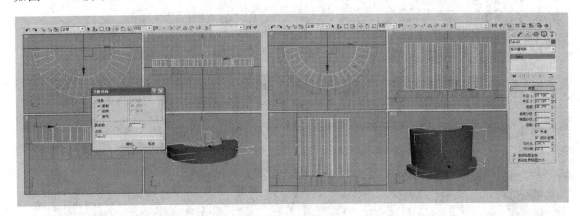

图 3-17 创建主体

② 采用同样的方法，按住 Shift 键把底座向上移动，复制出吧台的顶面，并减小其高度值，如图 3-18 所示。

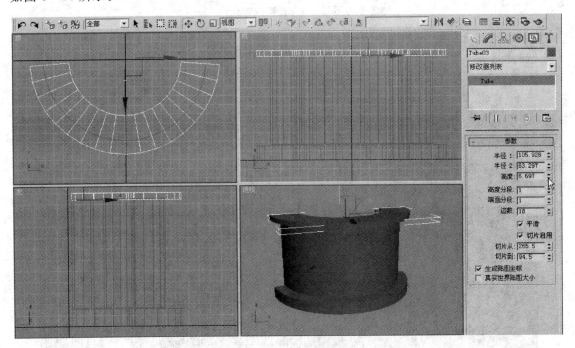

图 3-18 创建顶面

③ 吧台的中间装饰带也是由底座向上复制的，并调整外径和高度得到最终效果，如图 3-19 所示。

④ 接下来制作装饰部分的四棱锥造型。在前视图画出四棱锥，其参数设置成"宽度"为10，"深度"为10，"高度"为6；并在顶视图中调整其前后位置，使四棱锥面好与吧台接触。其效果如图3-20所示。

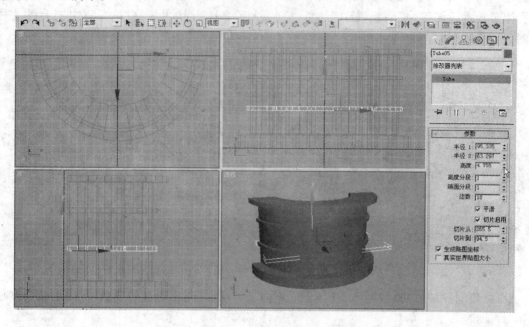

图3-19 创建装饰带

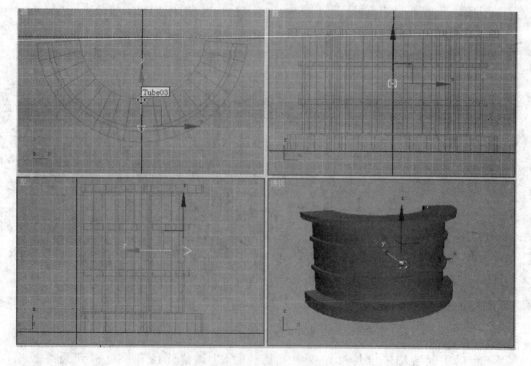

图3-20 创建小锥体

⑤ 单击工具栏中 视图 的参考坐标系,选取其中的"拾取"坐标系方式,如图 3-21 所示,然后单击吧台的台面,并选取 ▨(公用轴方式),如图 3-22 所示。可以看到,现在的轴心点为管状体的中心,当在这种情况下进行变换操作时,此中心点就会作为变换的轴心点。

⑥ 单击 ⟳(旋转工具)(确定"拾取"坐标方式是吧台台面和 ▨(公用轴方式)),激活旋转操作,在顶视图中绕 Z 轴旋转四棱锥,可以看到四棱锥会沿着管状体的外表面旋转,然后调整四棱锥的位置,其效果如图 3-23 所示。

⑦ 单击 △(角度捕捉切换工具),激活角度锁定,再右击 △,设定角度捕捉值为 30°,如图 3-24 所示。

⑧ 按住 Shift 键,旋转复制四棱锥,生成 5 个新四棱锥,如图 3-25 所示。

⑨ 得到最终的吧台模型,如图 3-26 所示。

图 3-21 坐标系选择

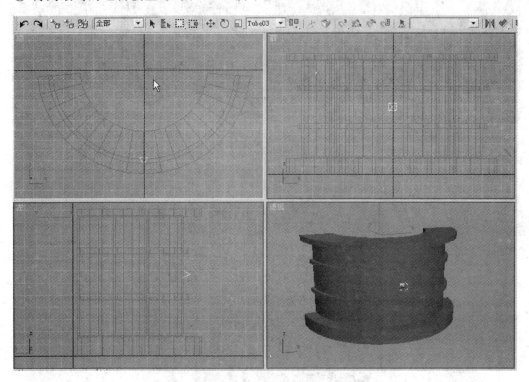

图 3-22 参考体的拾取

(5) 制作总结:

在这个例子中,通过对基本三维元素的操作,学习模型基本参数的设定和调整,以及变换工具的基本操作方法,并进行了旋转操作中特殊轴心点的指定和角度捕捉的设定。同时,通过这一简单吧台的模型制作,了解标准基本体建模操作的基本流程和方法。

48　　三维动画入门案例制作

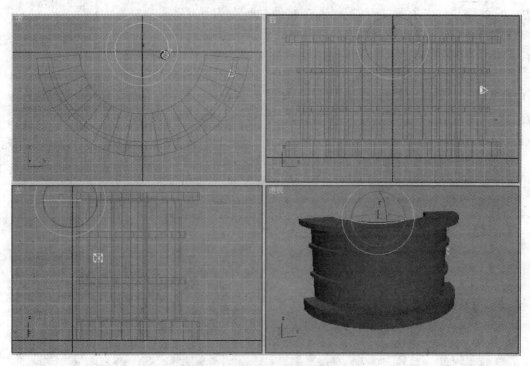

图 3-23　当前坐标效果

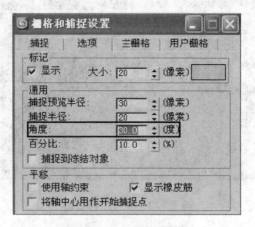

图 3-24　设置角度捕捉

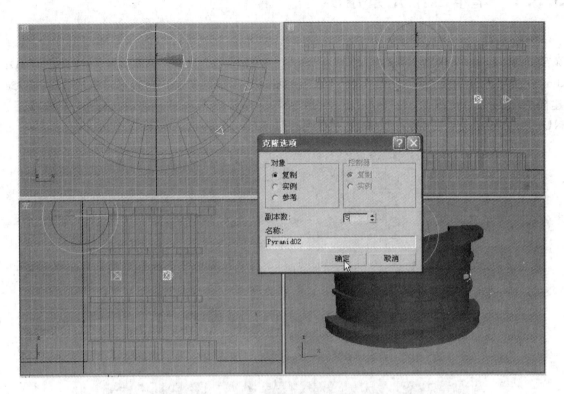

图 3-25 小锥体的旋转复制

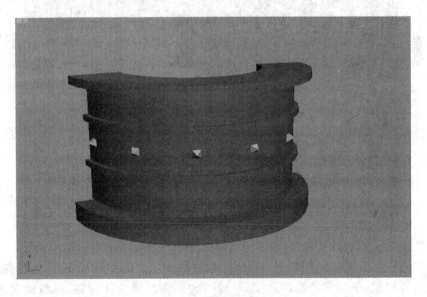

图 3-26 最终效果

3.3.2 基本二维元素建模

3DS max 9 中的二维元素包括样条线、NURBS 曲线和扩展样条线 3 种类型,其中扩展样条线是 3DS max 9 中新增加的二维线类型。在常规建模方法中,一般多使用样条线。3DS max 中提供的样条线共有 11 种,如图 3-27 所示。新增加的扩展样条线可以生成 5 种在建筑建模中常用的二维截面,如图 3-28 所示。这 5 种扩展样条线的效果如图 3-29 所示。NURBS 曲线分为点曲线和 CV 曲线两种,作为 NURBS 建模的二维基础。

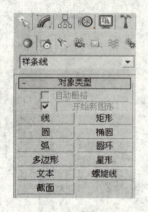

图 3-27 基本样条线

图 3-28 扩展样条线

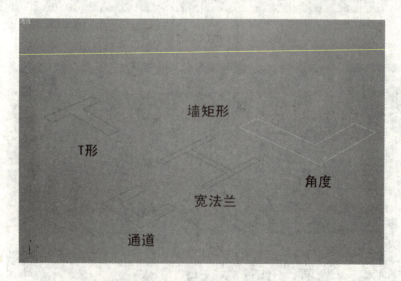

图 3-29 扩展样条线效果

二维元素与三维元素的区别在于:三维元素是三维实体,具有 X、Y、Z 的三向延展性;而二维元素是二维对象,不具有三维的厚度,一般不会作为最终物体存在,多数情况下要经过使用其他的修改命令来生成复杂的三维模型。

虽然二维元素只有 X、Y 两个方向,但 3DS max 中提供了二维元素的可渲染功能,通过调整"渲染"卷展栏中的参数,使其具有圆或矩形的截面,从而产生带有粗细的三维效果,如图 3-30 所示。这在某些截面等粗的物体建模时可以考虑使用,以减少建模的步骤。

图 3-30 二维可渲染效果

1. 参数调整方法

二维元素的生成方法与三维元素的生成方法相似,但二维元素只有二维的长度、宽度、半径、圆角等参数,没有段数的调整(见图 3-31),调整较为简单。

图 3-31 二维基本参数

2. 二维元素的编辑

在建立二维元素后,可以通过修改命令面板调整其基本参数,也可以通过转化为可编辑样条线进行复杂图形的编辑。其转化方法:在二维对象处于选定的状态下,右击,弹出快捷菜单(用于显示对当前对象可用的常用命令),通过执行"转换为"命令,打开可进行的转换操作菜单,并选择其中"转换为可编辑二维样条线"即可,如图 3-32 所示。

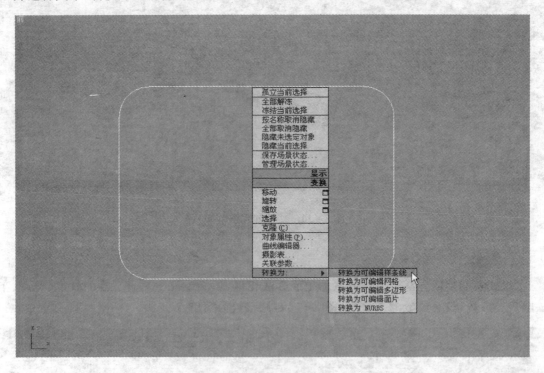

图 3-32 可编辑样条线的转换

可编辑样条线有 3 个次物体级别,分别为顶点、线段、样条线,如图 3-33 所示。在修改操作中,可以通过使用键盘上的快捷键(数字键 1、2、3。注意:要使用主键盘上的数字键,而不是小键盘上的数字键)来进行次物体级别的切换。

在 3 个级别中,分别通过点、段和线的编辑,可以调整出不同造型效果。点是形体结构中最基本的元素,由点构成线段,线段构成曲线,曲线构成图形。多条二维线可以通过"附加"的方法结合成一个二维图形,也可以通过"分离"的方法拆分包含多条样条线的二维图形为多个独立的二维图形。

点的编辑修改包括加入点("优化"、"插入点")、删除点、改变点的类型。点的类型有 4 种,在选中节点的情况下右击,在快捷菜单中会显示出角点类型的选项。其中角点:连接直接段;平滑:连接弧线;Bezier:连接具有可调手柄的曲线段;Bezier 角点:连接具有两侧单独可调手柄的曲线段,如图 3-34 所示。点的

图 3-33 可编辑样条线的次物体级别

编辑修改操作：主要包括点的变换（移动、多个点的缩放、旋转），点的焊接、断开、点的倒直角、倒圆角等。

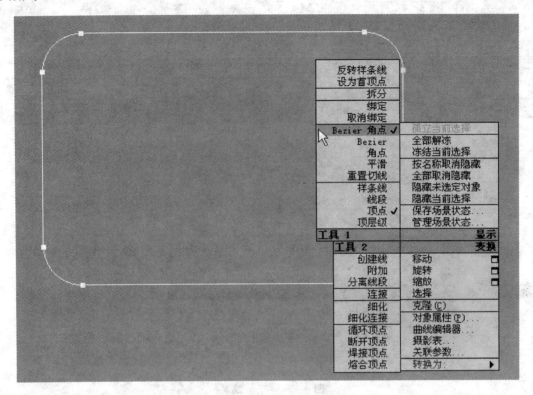

图 3-34　节点的类型

线段的编辑修改：主要包括线段的拆分、分离、删除等操作。

样条线的编辑修改：主要包括勾轮廓、布尔运算、镜像、修剪、延伸、删除等操作。

3. 简单的二维元素建模

二维元素作为建模的基础，主要通过使用相关的修改命令生成复杂的三维模型。常用的简单建模方法包括挤出、车削、倒角剖面。

（1）挤出法　通过拉伸指定厚度，生成三维实体。如图 3-35 所示，由圆环生成圆管，其中参数项分段，用于控制三维体的精度及可变形能力，与前面提到的基本三维元素中的分段值作用相同。

（2）车削法　通过旋转生成旋转体。如图 3-36 所示，度数值取值范围为 0～360°，分别生成闭合或开放的旋转体，效果与基本三维元素中的切开值作用相同，"方向"选项 X、Y、Z 用于旋转的轴向，"对齐"选项中"最小"、"中心"、"最大"用于调整旋转半径的大小。也可以通过次物体级别（轴）来调整其半径的大小。

（3）倒角剖面法　通过给二维图形指定剖面，生成三维实体，相当于 3.3.3 小节要学到的放样中的"倒角"修改，如图 3-37 所示。

剖面的形状修改会影响倒角剖面的造型，如果删除剖面图形，则所生成的倒角剖面体也会消失。因此，在生成倒角剖面体后必须保留原有剖面。如果要改变倒角体的剖面比例，则可通

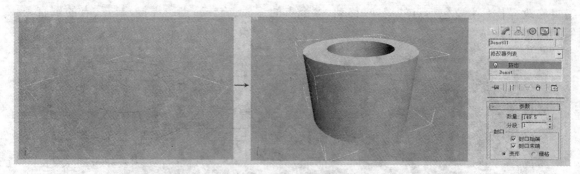

图 3-35 挤出效果

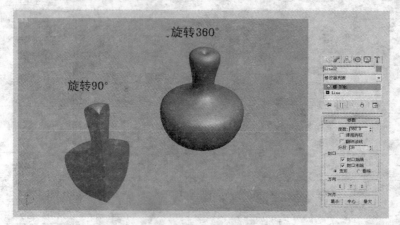

图 3-36 车削效果

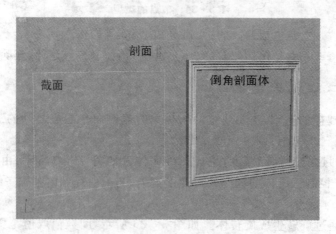

图 3-37 倒角剖面

过打开次物体"剖面 Gizmo",并通过使用缩放工具对其缩放获得,方法如图 3-38 所示。

4. 基本二维元素建模举例

(1) 制作内容:门套及门。
(2) 最终效果:如图 3-39 所示。

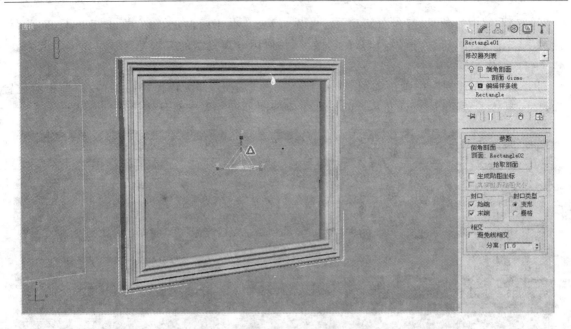

图 3-38 倒角体的剖面比例调整

图 3-39 门套及门模型效果

(3) 制作思路分析:

在室内外效果图制作中,使用常规的二维建模方法较多。对于所要制作的模型,首先要进行分析,找出各部分之间的相互关系,选择适合的命令,使制作方法更简化、更准确。

对于本例中的效果,经过分析可知:首先,门套存在于门洞上,门存在于门套上,因此,依此顺序,先做墙体、门洞,再做门套,最后做门,并使用分离复制的方法把这一思路串联起来。

(4) 制作步骤:

① 首先,在前视图中画出如图 3-40 所示的两个矩形,作为墙体和门洞,并调整相对位置和尺寸,具体参数可以自定(在具体的设计中应按图纸尺寸要求来具体设定)。

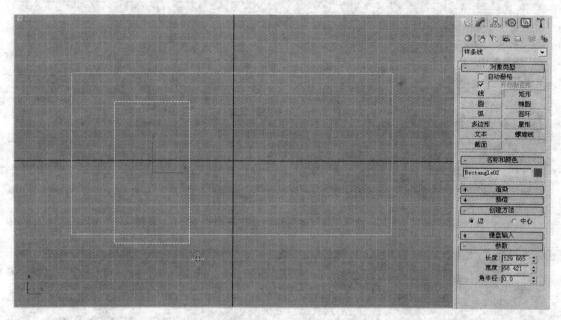

图 3-40　绘制基本图形

② 选择大矩形,进入修改命令面板,在修改器堆栈中右击其名称,如图 3-41 所示,在快捷菜单中选择"转化为"命令,将其转化为可编辑样条线。

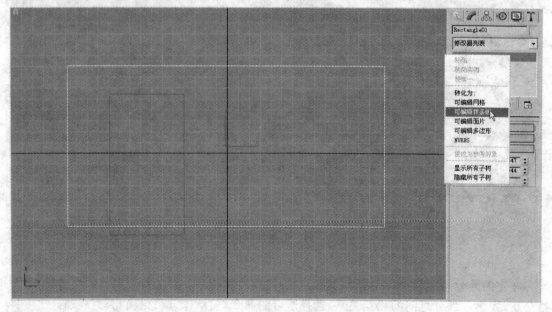

图 3-41　转换为可编辑样条线

③ 选择"附加"命令,把小矩形附加到大矩形中,使两者结合为一个二维图形,如图 3-42 所示。

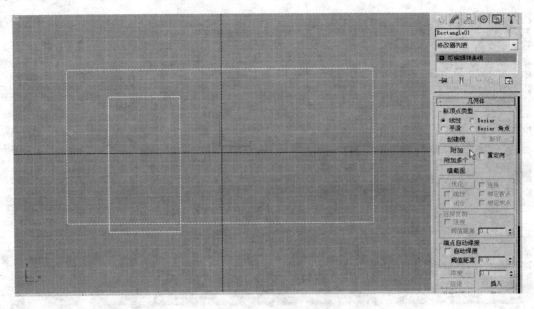

图 3-42 二维元素的结合

④ 按键盘上的数字 3 键,进入"样条线"级别,首先选取大矩形变成红色线框,然后单击 (布尔减操作)按钮,最后激活"布尔"按钮,再选取小矩形,两者相减,得到挖去门洞的墙体图形,如图 3-43 所示。

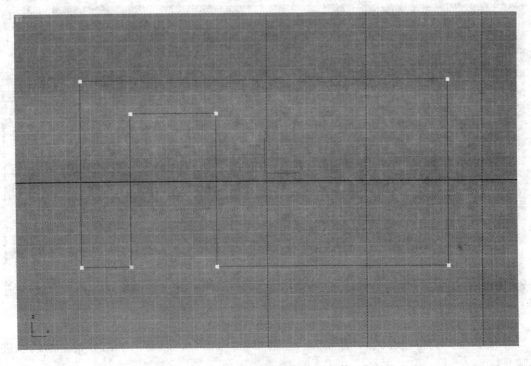

图 3-43 二维元素的布尔运算

⑤ 在"修改器列表"中选用修改命令"挤出",并将其下参数"数量"调整到一定数值,以说明挤出的厚度,产生出带有门洞的墙体,如图3-44所示。

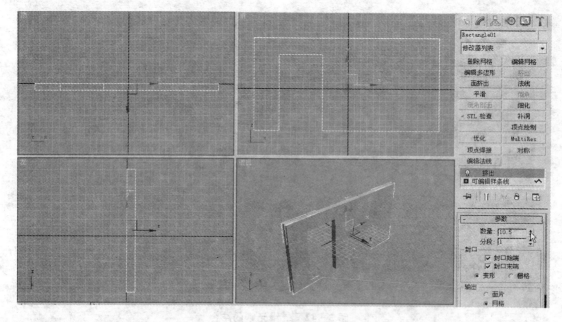

图3-44 墙体的挤出

⑥ 在修改器中,选取"可编辑样条线"级别,重新进入二维编辑,按下键盘上数字键2进入"线段"级别,单击▶(选择工具)并按住Ctrl键,同时选取门洞上的3条线段,如图3-45所示。

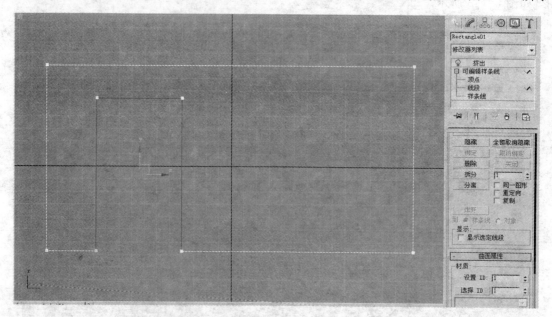

图3-45 线段的选取

⑦ 勾选"分离"按钮右侧的"复制"项,然后单击"分离"按钮,对门洞部分指定的线段进行复制分离。

⑧ 选取分离出来的图形作为门套的基本形（注：在选择时，分离出的门套线形与墙体的门洞线形处于重合状态，如果第一次选取的是墙体，则再次单击，即可选取到门套线），选中后，按下数字键3进入样条线级别，然后勾选"轮廓"按钮右侧的 ☑ 中心 选项，单击"轮廓"按钮，使用勾轮廓命令对其描边并产生宽度，其效果如图3-46所示。

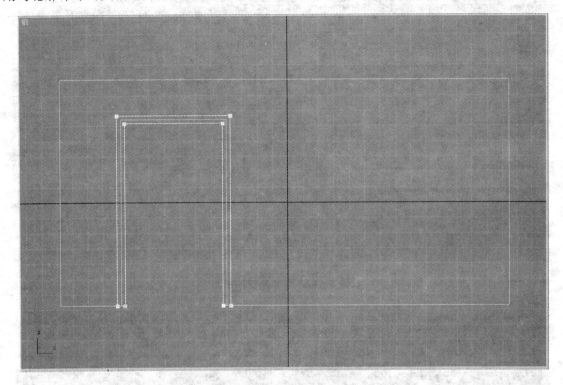

图3-46 轮廓效果

⑨ 选择"挤出"命令，使门套线产生厚度，生成门套实体。从观察中可以发现，这一次挤压的厚度值与墙的厚度相同（注：在3DS max中，当第二次使用某一修改命令时，其参数会与前一次相同）。将其下的"数量"参数值适当增大一些，以增加其厚度，产生符合实际效果的门套，如图3-47所示。

⑩ 重复⑥和⑦的方法，选中门套线内侧的3条线段，进行分离复制，分离后再选中，作为门的基础。

⑪ 选中门的基本形，按键盘上的数字键3进入样条线级别，单击"关闭"按钮，使其成为封闭的四边形。其效果如图3-48所示。

⑫ 对门的图形使用"挤出"法，并调低厚度值，得到门的造型，如图3-49所示。

（5）制作总结：

在这个例子中，练习了二维样条线的常用编辑方法，以及二维生成三维的操作。场景中的模型之间往往是相互依存的，特别是室内、外效果图制作中的墙、门、窗、玻璃、顶角、踢角等有着较严格的尺寸依附关系。利用二维编辑中的复制分离方法，既可以简化制作过程，又可保证相互尺寸关系符合要求。例如在制作门时，使用复制分离的方法，虽然看似不如直接用"长方体"的三维元素制作方便，但其尺寸关系和空间位置却是非常准确的。在使用3DS max时，类似的操作要认真去理解。

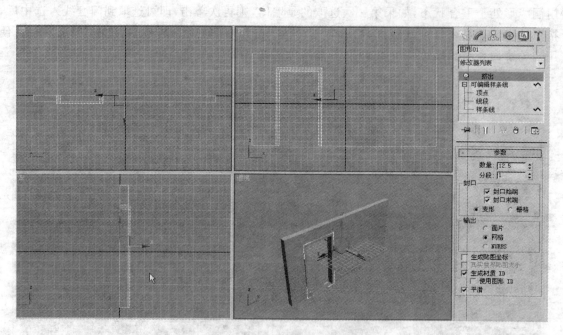

图3-47 门套曲线的挤出

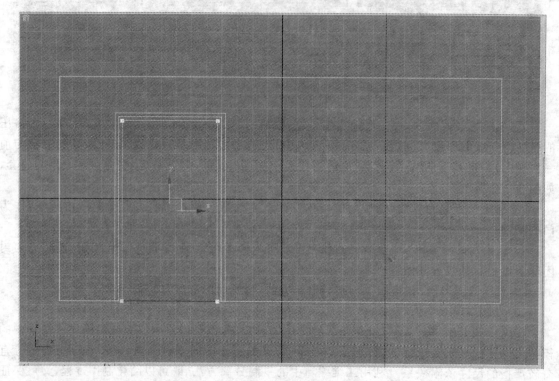

图3-48 门框截面的创建

图 3-49 最终效果

3.3.3 复合物体建模

复合物体建模是指由两个或两个以上对象结合，生成新对象的建模方法。如图 3-50 所示，3DS max 9 中提供了 12 种复合物体建模的方法。

在复合物体建模中，"放样"是最为常用的复合建模方法之一，它是由二维对象与二维对象复合，生成三维实体；而"图形合并"是二维对象与三维物体复合，利用投影原理生成新的物体；其余的复合物体类型中多数为三维与三维复合，生成新的三维物体，比如"布尔运算"是指三维实体与其他三维实体进行相加、相减、相交的操作，获得新物体，其原理与二维元素的布尔运算完全相同。值得一提的是，在 3DS max 9 中，集成了原来的第三方插件超级布尔（ProBoolean），弥补了原有布尔运算的缺陷。

1. 放样建模原理

"放样"一词是古代造船中使用的术语。在 3DS max 中，"放样"

图 3-50 复合对象类型

作为复合对象建模的方法，需要两组二维对象进行复合：一组是路径，它只能是包含有一条样条线的二维图形；另一组是截面，它可以是包含一条或多条样条线的二维图形，而且在放样路径上可以有多个不同截面存在（但是不同截面所包含的样条线数必须相同。注：样条线是指二维元素中的曲线数,由连续节点构成的线称为样条线,比如一个圆是一条样条线,一个圆通过使用"附加"命令与另一个圆附加,那么这个图形中就包含了两条样条线)。

1) 简单放样操作

前面学过的"挤出"、"车削"、"倒角剖面"等建模方法从本质上讲都是"放样","挤出"的路径可以看作是一条直线,"车削"的路径可以看作是一个圆(在最早的DOS版本的3DS studio中没有"挤出"和"车削",都是用"放样"来完成类似操作的)。

放样的前提是基本的二维图形,其编辑方法与技巧即前面讲到的二维元素编辑方法。如图3-51所示,椅子靠背的放样是用二维图做路径,圆形做截面放样生成。

对于多截面放样,要考虑的因素包括:放样体的不同截面形状;不同截面在路径上所处的位置以及路径与截面的相交点。

图3-52所示为叉子模型的放样建模。

首先看放样中要考虑的第一个因素:经过分析可以发现,其前半部分为4个椭圆构成的截面图形,而后半部分手柄截面为一个椭圆形,那么是不是说下部的截面是一个椭圆呢?不是,因为前面已经提到,多截面放样时,不同截面必须有相同的样条线数,4个椭圆是4条样条线,那么后部手柄的截面也应是4个样条线,在生成时,可以先按生成一个椭圆,然后复制出3个同样的椭圆,再利用编辑修改,选择重定向的方法进行附加,如图3-53所示。此时得到的截面就是一个圆形,但它本身包括了4个椭圆的样条线,这样虽然前后截面效果不同,但样条线数目相同,所以可以进行放样。

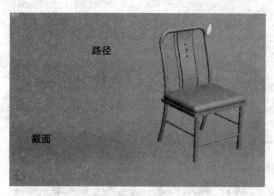

图3-51 椅子放样效果

图3-52 叉子放样

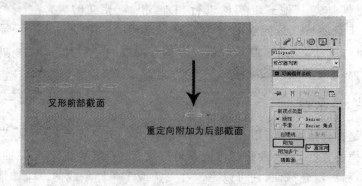

图3-53 叉子截面的控制

再来看第二个因素：当选择路径值为30时，拾取图形可以发现路径经过了左侧第一个椭圆的中心，如图3-54所示。这是因为放样时路径经过截面图形的中心点，而图形在附加结合时，会把第一个图形的中心点作为最终的中心点。因此，如果要想得到正常的放样效果，则必须调整上部截面图形的中心点，调整方法如图3-6所示。

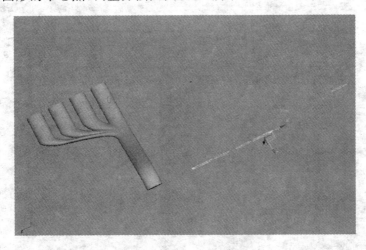

图3-54 截面中心点的影响

下面通过简化的模型来介绍叉子的放样过程：

① 在二维元素中制作一个椭圆形，并经过复制得到3个相同的图形，如图3-55所示。

图3-55 基本图形

② 把4个椭圆同时选取，复制得到另一组同样的图形备用，如图3-56所示。

③ 选取第一个椭圆转化为可编辑样条线，进入修改命令面板后，单击"附加"按钮，使其与另外3个椭圆结合为一个整体，得到图形1，作为叉子的前半部分截面，如图3-57所示。

④ 进入等级命令面板，打开"轴"选项卡，然后单击"仅影响轴"按钮，再单击"对齐"项中的"居中到对象"按钮，使截面图形1的轴心点位于图形1的几何中心，如图3-58所示。

⑤ 选择步骤②中复制出的4个椭圆图形中的第一个椭圆右击，然后选择"转化"命令，将其转化为可编辑样条线。进入到修改命令面板，勾选"重定向"，再单击"附加"按钮，使4个椭

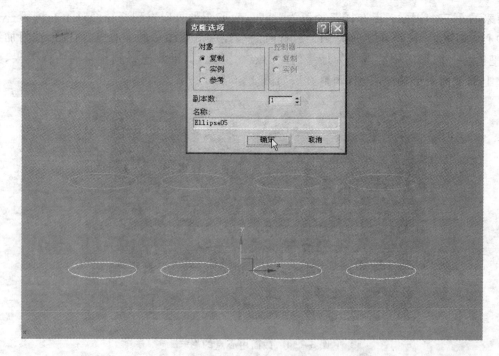

图 3-56 图形的复制

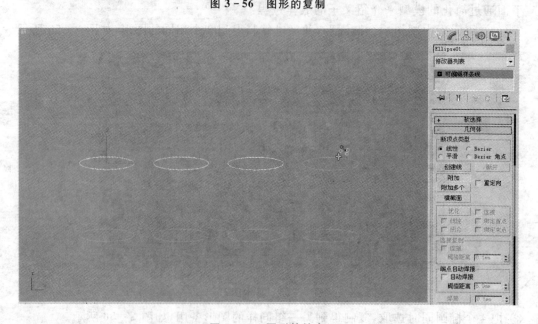

图 3-57 图形的结合

圆结合为一个整体,得到图形2,作为叉子的后半部分截面,如图3-59所示。

⑥ 画出一条直线作为路径,进入几何体面板中的"复合物体",选择"放样"命令,指定"路径参数"中"路径"值为30,单击"获取图形"按钮,然后拾取图形1。其放样效果如图3-60所示。

⑦ 调整"路径"值为31,拾取图形2,得到最终的叉形体,效果如图3-61所示。

图 3-58 截面轴心点的调整

图 3-59 "重定向"的使用

2) 放样物体的变形修改

放样建模是较为复杂的建模方法之一,之所以说它复杂,是因为在放样中,既可以涉及前面提到的单截面放样和多截面放样,又可以涉及放样物体的变形修改。放样物体的变形修改,是指在路径上的不同位置截面的各种变化效果。

"放样变形"包括 5 种情况,分别是缩放、扭曲、倾斜、倒角、拟合。

在变形修改中,使用最普遍的是缩放修改。放样物体的缩放修改是指在路径上的不同位置、截面的比例变化效果,如图 3-62 所示。它既可以是 X、Y 的双向等比缩放,也可以是 X、Y 的单向缩放,或是 X、Y 的双向不等比缩放。图 3-63 所示为圆沿直线路径生成的柱体使用等

图3-60 基本放样

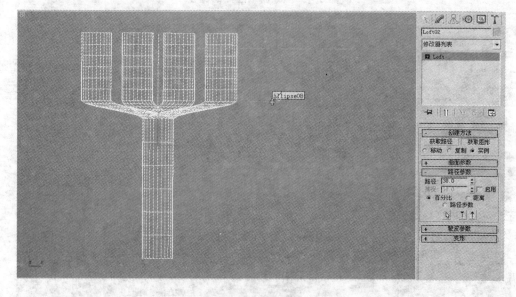

图3-61 多截面放样

比缩放产生的柱头效果。图3-64所示为使用双向不等比缩放产生的牙膏效果。

在其他的4种变形修改中,"扭曲"是指截面沿垂直路径方向Z向所做的旋转修改;"倾斜"为截面沿X或Y向旋转所做的修改;"倒角"的修改类似于前面讲到的倒角剖面命令;而"拟合"是分别指定X、Y方向两个截面的放样方法。

下面主要来制作如图3-64所示的缩放变形修改制作牙膏效果。其步骤如下:

① 进入二维元素,首先绘制圆形截面和直线路径,圆与线的尺寸由牙膏的长与粗细的比例关系决定,如图3-65所示。

② 选取作为路径的直线,打开生成命令中的"复合物体"并选择"放样"操作,放样得到圆柱体,如图3-66所示。

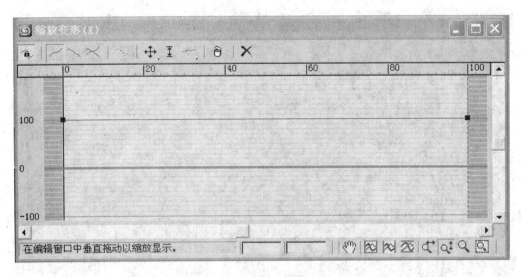

图 3-62 缩放变形界面

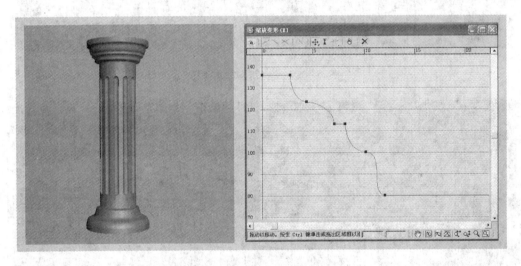

图 3-63 柱头的等比缩放效果

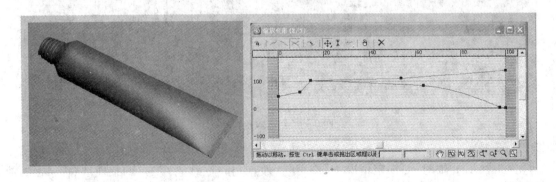

图 3-64 牙膏的不等比缩放效果

③ 进入修改命令面板,打开"变形"修改卷展栏,单击"变形"修改项中的"缩放"按钮,

图 3-65 绘制基本二维图形

图 3-66 基本放样

如图 3-67 所示。

④ 在 (X、Y 轴对称)锁定情况下,使用 (加点)和 (移动)工具调整曲线(注:在缩放面板中,加点可以通过调整比例曲线来控制截面的缩放比例,其调整方法类似于二维线的编辑方法。在比例曲线上加点时,点的类型有两种:角点和贝兹点),得到牙膏嘴部分的效果,如图 3-68 所示。

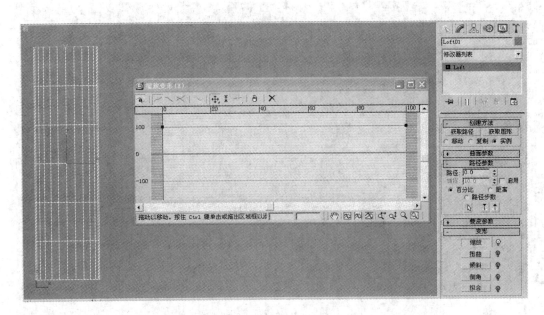

图 3-67 缩放面板

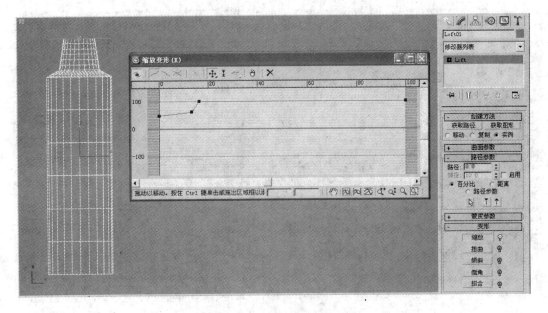

图 3-68 牙膏嘴部的比例效果

⑤ 关闭 ▣（对称项），用上一步的方法单独调整 X 轴向比例曲线，效果如图 3-69 所示。

⑥ 单击 ▣ 显示 Y 轴比例曲线，或者单击 ▣ 同时显示 X、Y 两个轴的比例曲线，调整 Y 轴向的比例，效果如图 3-70 所示。

⑦ 最后制作开口部位的螺旋丝扣。首先进入生成面板，在二维元素中制作螺旋线，并调整其参数，参数设定及效果如图 3-71 所示。

⑧ 打开"渲染"卷展栏，勾选"在渲染中启动"和"在视口中启用"，并调整"径向"中的"厚

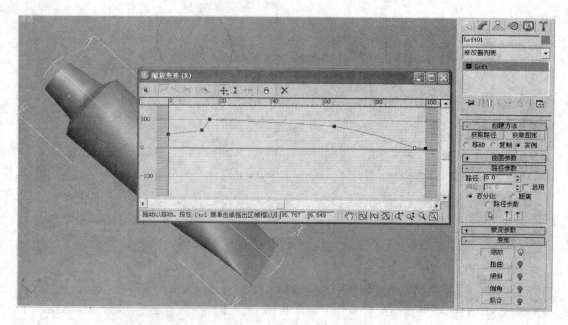

图3-69 X轴方向的比例效果

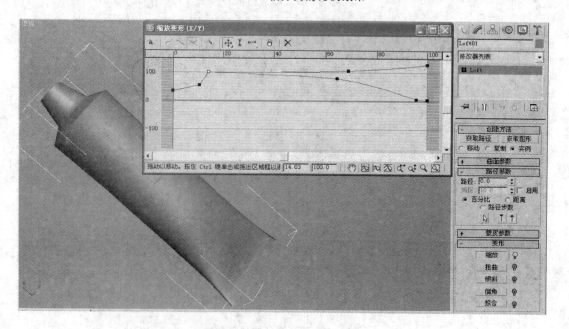

图3-70 Y轴方向的比例效果

度"值和"边"值,产生三维的螺旋效果,如图3-72所示。

⑨ 在保证螺旋线处于选定状态的情况下,右击,将螺旋线由二维可渲染对象转化为可编辑网格模型(真正的二维对象只有转化为三维对象才能进行下一步的布尔运算),如图3-73所示。

⑩ 进入生成命令面板,打开"复合对象",并选择 ProBoolean 超级布尔命令,勾选"运算"项中的"并集",单击"开始拾取"按钮,选取牙膏体进行布尔运算,效果如图3-74所示。这样

第 3 章 三维动画模型制作

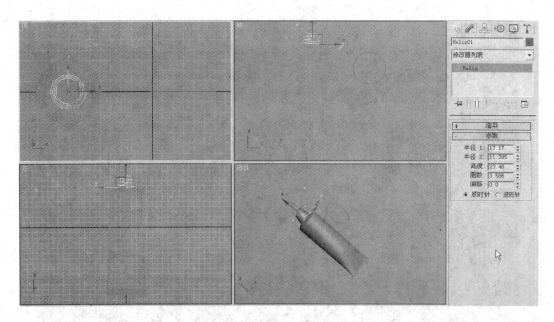

图 3-71 螺旋的制作

图 3-72 二维可渲染的使用

就完成了整个模型的制作。

2. 其他复合建模方法

在 3DS max 9 中，除了放样、布尔运算外，还包括变形、一致、散布、连接、水滴、网格、图形合并等 9 种复合操作。图 3-75 所示为图形合并生成的相机镜头部分效果（其上的文字及图形符号由图形合并生成）。

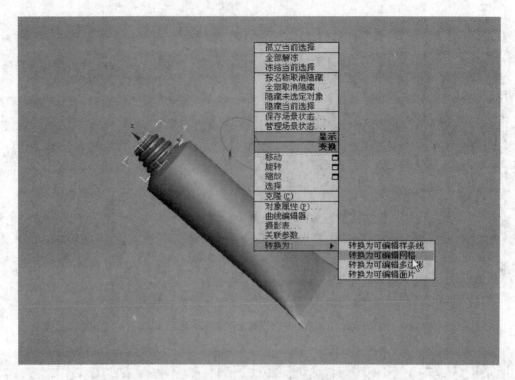

图 3-73 转换为可编辑网格模型

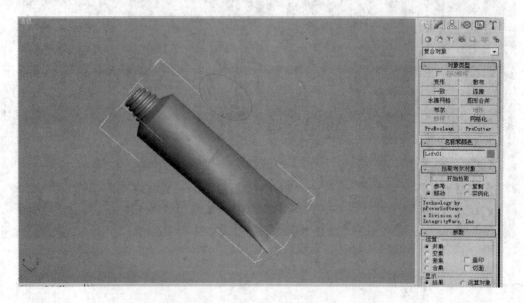

图 3-74 三维布尔运算

3. 复合物体建模举例

(1) 制作内容：啤酒瓶盖。
(2) 啤酒瓶盖模型效果：如图 3-76 所示。

图 3-75 图形合并的应用

图 3-76 啤酒瓶盖模型效果

(3) 制作思路分析:

三维建模有多种方法,对于同一个模型,采用不同的方法可能难易程度会有所不同。网上曾有网友转载过一位老外写的多边形建模做瓶盖的教程,看后,个人觉得有点杀鸡用牛刀的感觉,所以想到了采用放样的方法。

在瓶盖的制作中,这里综合了两种复合建模方法:一是放样(包括多截面放样、缩放变形修改两个知识点);二是图形合并操作生成瓶盖上的文字。

(4) 制作步骤:

① 进入二维元素,首先绘制带有圆角的星形截面和直线路径,这里应注意截面与路径的比例关系,尺寸参数和效果如图 3-77 所示。

图 3-77 绘制基本图形

② 在直线路径处于选择状态的前提下,进入放样面板,单击"获取图形"按钮,拾取星形截面,通过放样得到如图 3-78 所示效果。

③ 对放样所用的星形截面进行复制,得到 Star02 截面,如图 3-79 所示。

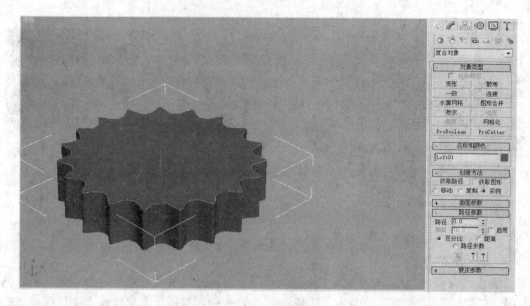

图 3-78 基本放样

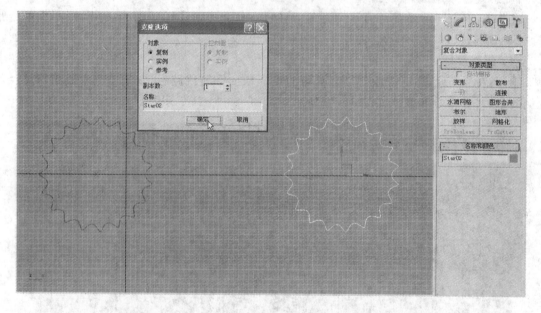

图 3-79 复制截面图形

④ 对复制出的图形参数进行修改,如图 3-80 所示,使"半径 2"值与"半径 1"值相同,并把"圆角半径 1"和"圆角半径 2"的值都改为 0,得到圆形的截面。

⑤ 选中放样物体,调整"路径"值为 70,单击"获取图形"按钮,拾取调整好的圆形截面,效果如图 3-81 所示。

⑥ 打开"变形"卷展栏,对放样体进行缩放调整(注意:在操作中,会经常用到弧形旋转工具按钮 调整透视图的透视角度),效果如图 3-82 所示。

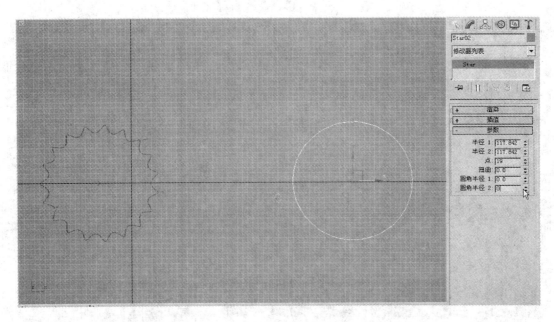

图 3-80 调整截面参数

图 3-81 拾取第二个截面图形

⑦ 打开"蒙皮参数"卷展栏,将"封口"中的"封口始端"勾选取消,产生瓶盖的凹槽效果,如图 3-83 所示。

⑧ 对放样体添加"参数化修改"命令组中的"壳"命令,适当调整"外部量"参数,产生三维的瓶盖效果,如图 3-84 所示。

⑨ 最后利用"图形合并"来制作文字效果。进入二维元素部分,生成文字"苦瓜啤酒",如图 3-85 所示。应注意文字与瓶盖的位置关系,文字位于瓶盖的上方,最终文字的效果会出现在瓶盖的内侧。

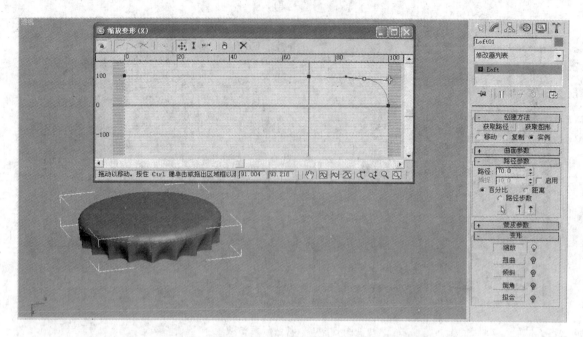

图 3-82 调整截面比例效果

图 3-83 蒙皮参数调整

⑩ 选中瓶盖物体,进入"复合对象"操作,选择"图形合并",单击"拾取图形"按钮,然后在视图中拾取文字,如图 3-86 所示。

⑪ 现在瓶盖上并没有出现文字,继续进行操作,右击瓶盖物体,在弹出的快捷菜单中选择"转化为"命令,将其转化为"可编辑网格物体",然后按数字键 4,进入"多边形"的次物体级别,可以看到合并的文字效果,如图 3-87 所示。

图 3-84 "壳"命令的使用

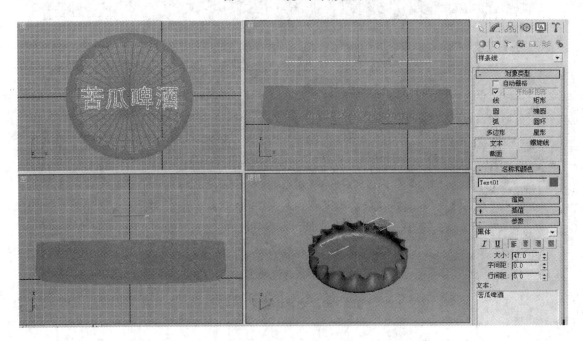

图 3-85 输入文字

⑫ 执行"面"级别中的"挤出"操作,效果如图 3-88 所示。这样就完成了整个制作过程。

⑬ 如图 3-89 所示,完成整个制作过程。

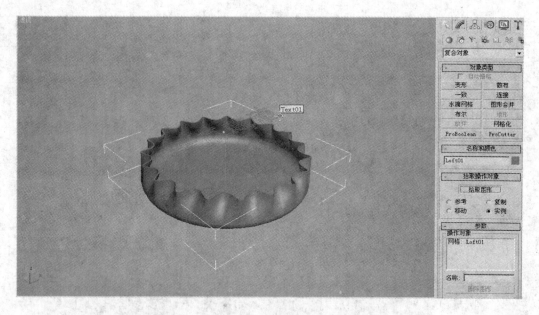

图 3-86 图形合并

图 3-87 次物体级别选择

3.3.4 多边形建模

多边形建模是 3DS max 的重要建模方法之一,对于游戏、影视等建模非常适合。它是通过对基本模型的点、边、面、元素等级别的刻画来生成复杂模型。多边形建模方法也有不同类型,但多数情况下的多边型修改类似于雕塑的刻画手法,因此要求操作者有较强的形体控制能力。还可以采用参考图片面性的方式,利用边的挤出调整来建立三维模型。

图 3-88 次物体级别编辑

图 3-89 最终效果

多边形建模与其他多数建模方法相比，它的参数化控制能力较低，不适于制作对尺寸有严格要求的工业产品的效果表现。

1. 多边形建模的基本操作

在采用多边形建模时，可以把基本模型转化为可编辑多边形，如图 3-90 所示；也可以直接使用"编辑多边形"修改器。两者的区别是后者没有"细分曲面"和"细分置换"卷展栏，但两者的大体功能是相同的。

在多边形的编辑操作中，其基本原理与二维线的编辑相同，只是作为三维的对象其层次更多。它的子对象修改级别共包括 5 部分，分别是顶点、边、边界、多边形、元素，如图 3-90 所示。进入5个级别的快捷键分别为键盘上的1、2、3、4、5数字键(注:这些数字键指的是主键盘上部的双字符键,而不是副键盘上的数字键)。

在多边形建模制作中,对于对称模型,如人物、动物等,左右对称,可只制作一半,利用镜像生成另一半,再经过焊接等操作最终生成一个整体。这样既可以保证对象的对称性,又可大大降低操作难度,提高制作效率。

2. 多边形建模实例

(1) 制作实例名称:卡通角色建模——泥塑马。

(2) 制作效果:如图3-91所示。

(3) 制作思路:

本实例的对象取材于中国传统民间工艺制品——陕西宝鸡凤翔县的泥塑马造型。其造型优美生动、淳朴可爱。首先参考如图3-92所示图片分析其造型,建模方法可以采用"编辑多边形",建立正立姿态的造型,然后通过"蒙皮"并结合Character Studio的调整姿势功能,摆出马的姿势。在这里,主要学习多边形命令的使用,要求按图片作出静态的泥塑马造型。

(4) 制作步骤:

① 进入基本三维元素生成面板,生成长方体,参数设置如图3-93所示。注意,要求按进行段数设置。

② 在视图中选取长方体并右击,选取"转换为"命令,把它"转换为可编辑多边形",如图3-94所示。

③ 进入"可编辑多边形"的"多边形"级别,如图3-95所示选取底部的4个面。

④ 如图3-96所示,单击"挤出"按钮,对选中的面进行挤出操作,作为卡通马的4条腿。

⑤ 如图3-97所示,进入"边"级别,对中间的边线进行选取。在多边形的编辑中,点、线、面等级别可分别选取并进行移动、缩放和旋转操作,通过这些基本要素的调整来塑造物体的形态。

图3-90 多边形修改器

图3-91 泥塑马模型效果　　　　图3-92 泥塑马参考图片

第3章 三维动画模型制作

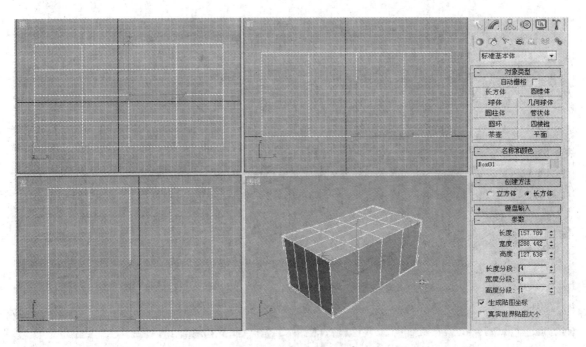

图 3-93 基本几何体

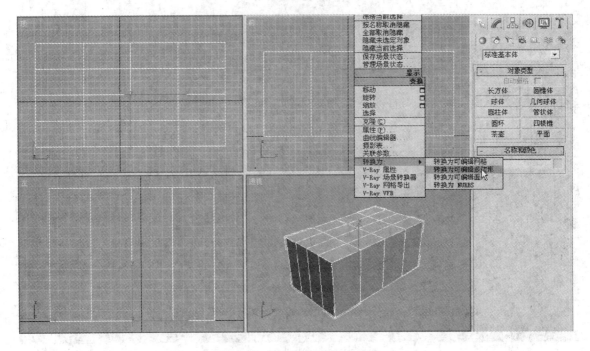

图 3-94 转换为可编辑多边形

图 3-95 面选择

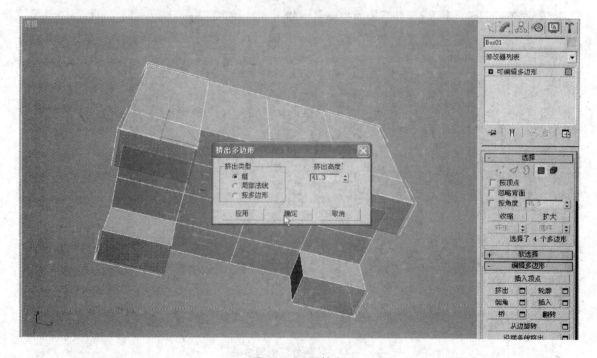

图 3-96 面挤出

第 3 章 三维动画模型制作

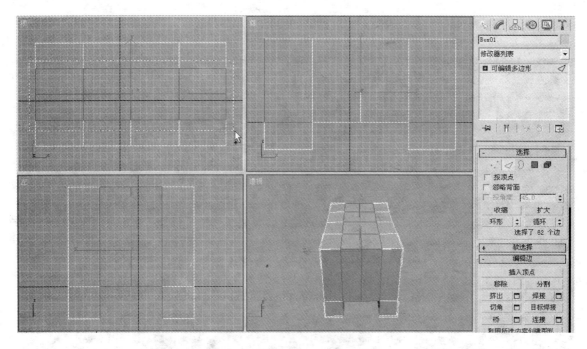

图 3-97 边线编辑

⑥ 如图 3-98 所示,对选择的边线进行缩放,调整要塑造的泥塑马 4 条腿的尺寸。

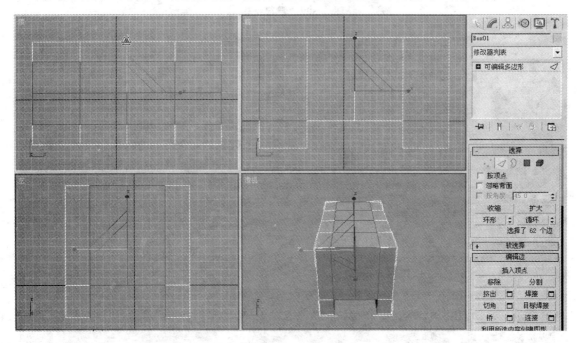

图 3-98 边线的缩放调整

⑦ 如图 3-99 所示,继续对腿部的"面"进行挤出操作。

⑧ 在对腿部的"面"进行挤出操作的同时,注意通过在相关视图中对"面"的移动调整来摆出腿部的基本姿势,效果如图 3-100 所示。

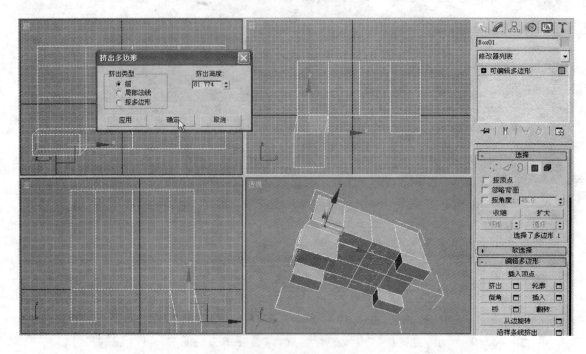

图 3-99 腿部编辑

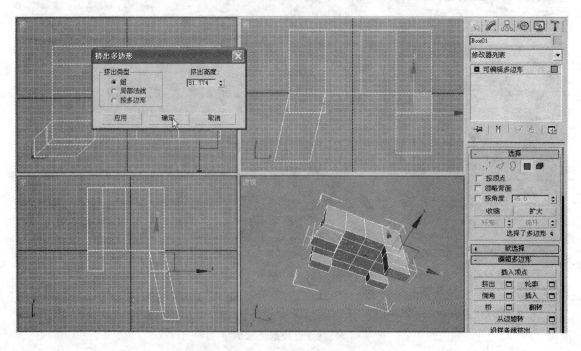

图 3-100 腿部姿势调整

⑨ 经过上述两步给定方法的调整，得到泥塑马4条腿的基本姿势，当前效果应该如图3-101所示。

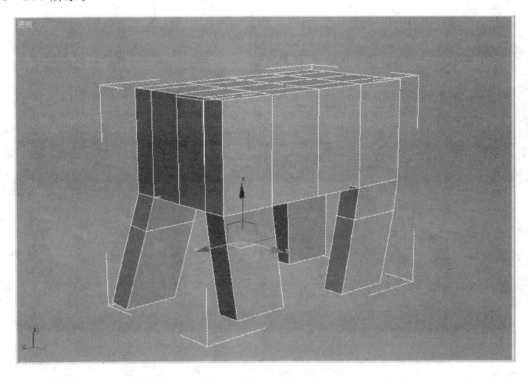

图3-101 腿部姿势效果

⑩ 在编辑多边形的过程中，可以不断地通过"细分取面"的设定来查看所得到模型的效果，方法如图3-102所示。在选项中，打开"使用NRBUS细分"，则通过细分产生光滑效果。"显示"选项中"迭代次数"的值控制细分面数的多少。

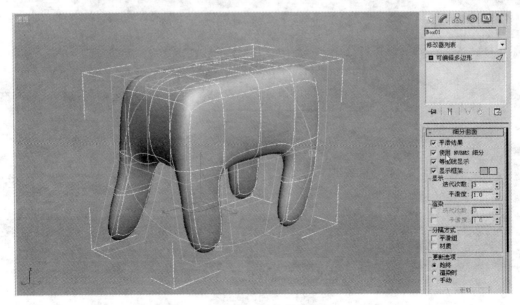

图3-102 细分效果显示

⑪ 接下来调整马的尾部造型。首先进入多边形级别,选取尾部的多边形面,如图 3-103 所示。

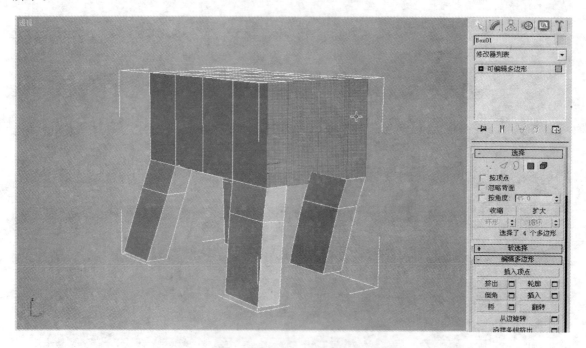

图 3-103　尾部面的选择

⑫ 方法如图 3-104 所示,对选中的面进行"倒角操作",参数如图所示,参数中"高度"值控制"挤出"的高度,"轮廓量"用于控制收缩或放大的倒角量。

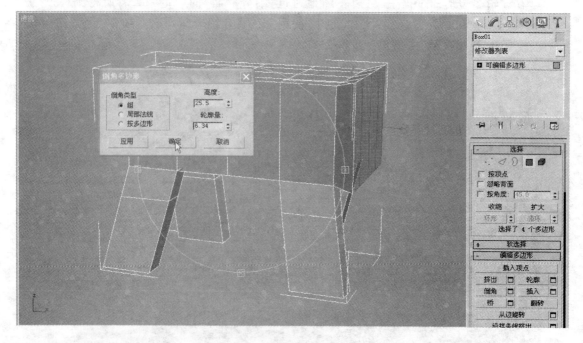

图 3-104　面的倒角操作

⑬ 因为尾部是单向的截面变大,所以需要通过使用缩放工具进行单向缩放,把刚刚倒角变大的"挤出面"进行收缩调整,如图3-105所示。

图3-105 面的缩放调整

⑭ 如图3-106所示,选中4个面,并按下键盘上的Delete键进行删除,目的是在接下来的操作中通过节点的焊接把这4个面进行两两焊接。注意,采用Delete键删除与面板上的"移出"不同,删除后会产生空洞,而"移出"只消除面,不产生破损。

图3-106 多余面的删除

⑮ 进入节点级别,如图 3-107 所示,单击"目标焊接"按钮。

图 3-107 节点的焊接

⑯ 按住鼠标左键,对相应的节点进行焊接,焊接的效果如图 3-108 所示。

图 3-108 焊接后效果

⑰ 如图 3-109 所示,焊接完毕后,对节点进行调整,使模型中尾部的节点位置合理。

⑱ 注意,在对节点进行调整时,要不断转换观察的角度,以保证最后的三维空间效果合理,如图 3-110 所示。

⑲ 如图 3-111 所示,在对节点调整完毕后,继续进入多边形级别,对尾部的 4 个面进行"倒角"挤出操作。

⑳ 如图 3-112 所示,进入节点级别,继续对挤出生成面的节点进行调整。

㉑ 如图 3-113 所示,进入多边形级别,继续对尾部的面进行"倒角"挤出,生成新的面。

㉒ 如图 3-114 所示,尾部的多边形全部调整完毕。在多边形的编辑中,往往要不断地在节点和面级别间进行切换,并通过相应的生成和调整操作来塑造模型。一般来讲,如何控制面和节点以及面的多少,不是固定的、死板的,而要根据自己的分析去确定,只要能满足所建模型的形体要求即可。

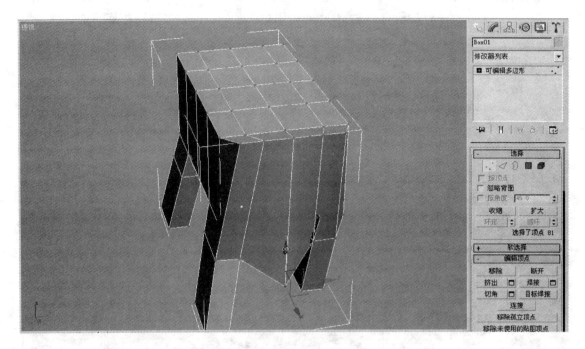

图 3-109 尾部节点调整

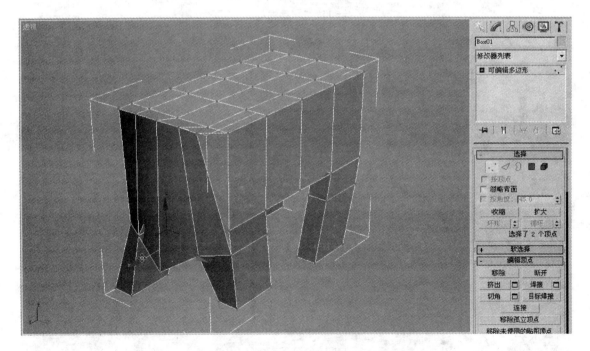

图 3-110 节点效果观察

㉓ 如图 3-115 所示,加入面的细分效果,可以看到当前的造型结果。

㉔ 从图 3-115 可以看出,当前马的造型中,腹部没有饱满的效果。下面来做这一部分的刻画。如图 3-116 所示,进入边级别,选取如图所示的一条边线。

㉕ 如图 3-117 所示，单击"环形"按钮，选取如图所示的边线。在选项中，"环形"的作用是选取与当前选择边平行的所有边；"循环"的作用是在选择边的对齐方向扩展当前选择。

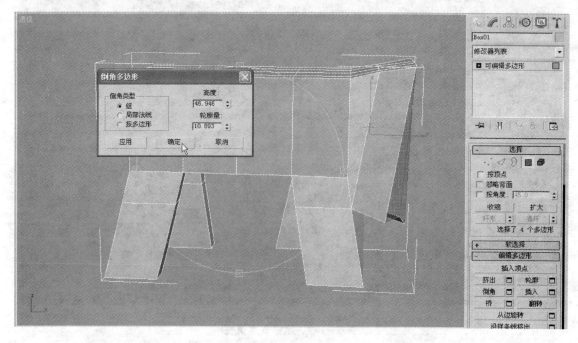

图 3-111　尾部面的挤出

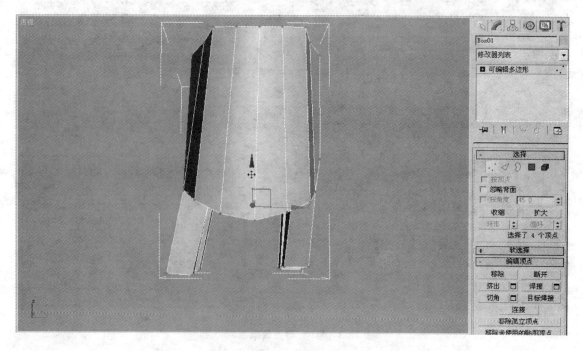

图 3-112　挤出面的节点调整

第3章 三维动画模型制作

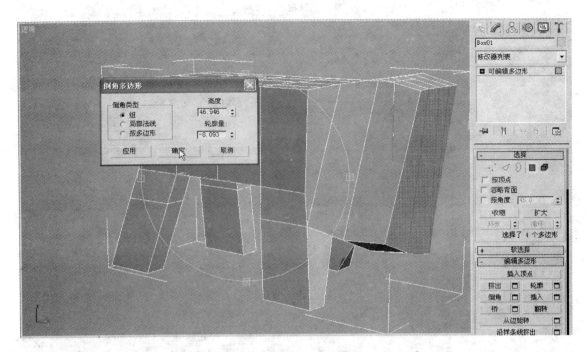

图 3-113 尾部的继续调整

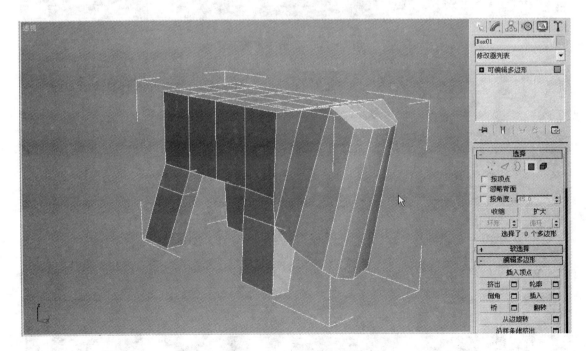

图 3-114 尾部最终效果

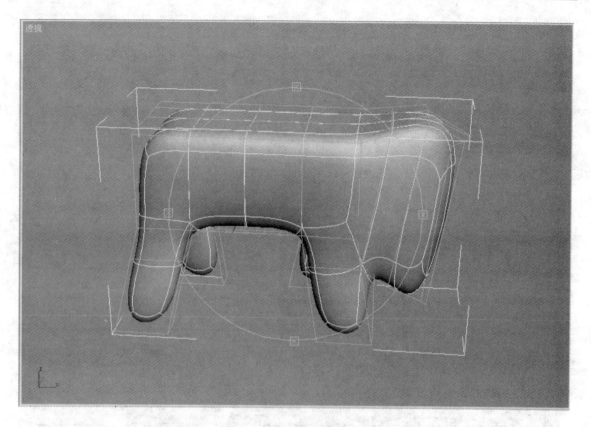

图 3-115 细分效果显示

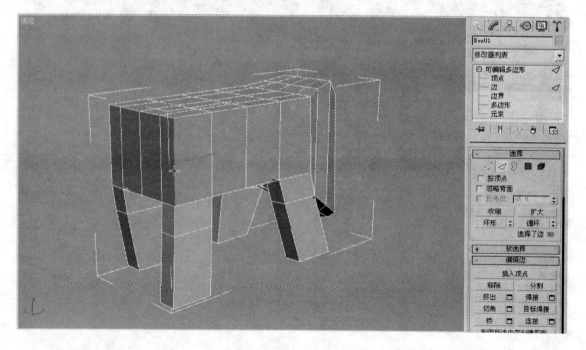

图 3-116 边线选择

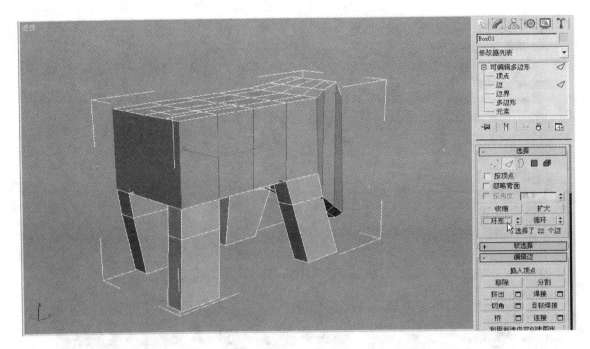

图 3-117 边线的环形选择

㉖ 如图 3-118 所示,单击"连接"按钮,创建出一圈新的边线。在多边形建模中,是通过点、线、面来控制形体的,通过增加线可增加形的复杂度。这里通过增加线来调整腹部的饱满效果。

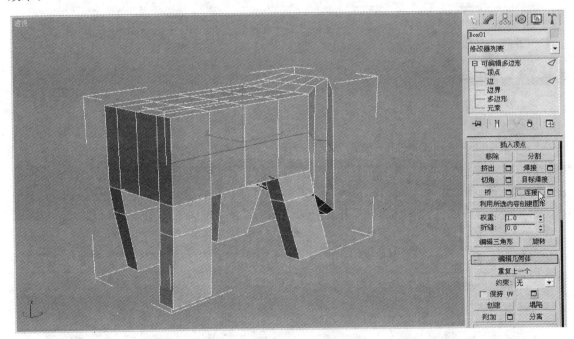

图 3-118 利用"连接"增加边线

㉗ 如图 3-119 所示,对新增加的线进行缩放调整,以此来控制腹部的扩张效果。

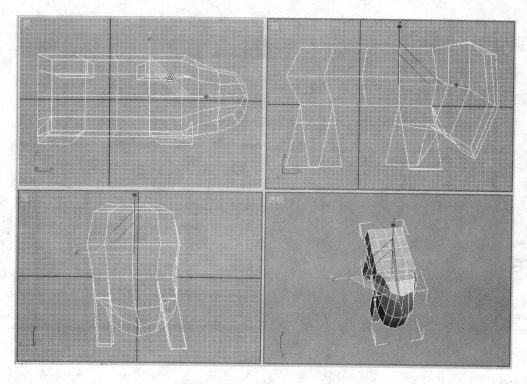

图 3 - 119　新增加边线的缩放

㉘ 在边线的缩放完成后,对将来要建立头部部位的线进行调整,效果如图 3 - 120 所示。

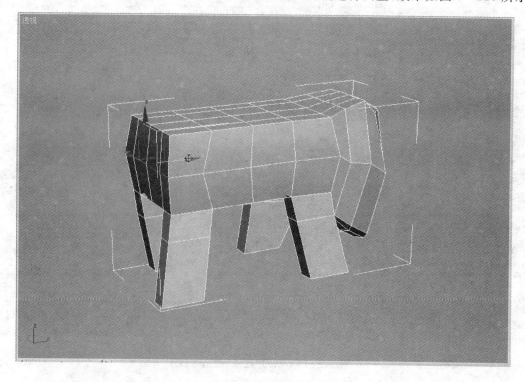

图 3 - 120　头部线的调整

㉙ 如图 3-121 所示，进入多边形级别，选取前部的 4 个面，准备进行挤出操作，来生成头部造型。

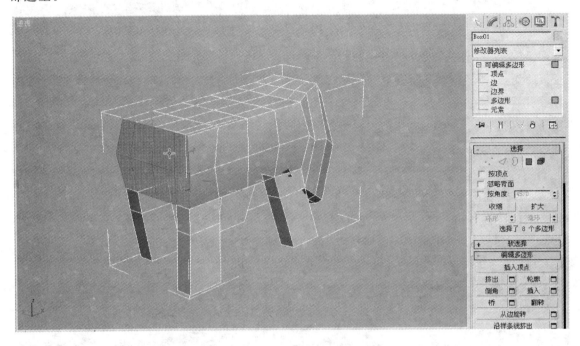

图 3-121 头部面的选择

㉚ 如图 3-122 所示，对选取的 4 个面进行"倒角"挤出操作。

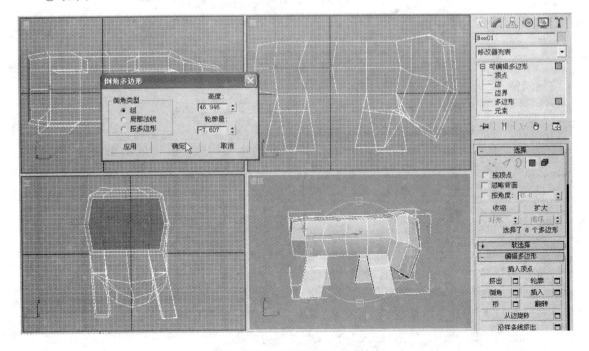

图 3-122 头部面的"倒角"挤出

㉛ 在对面进行挤出时，要不断调整面的角度，控制马的头部姿势，效果如图 3-123 所示。

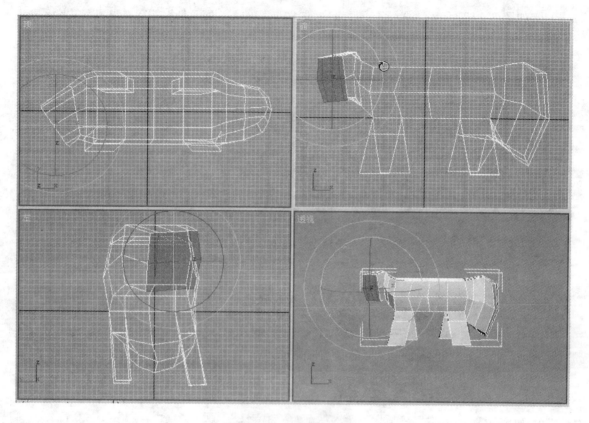

图 3-123　面的角度调整

㉜ 当前马的大体轮廓已经塑造出来,通过节点和边线的交替调整,对马的造型进行大致的调整,效果如图 3-124 所示。

㉝ 继续上一步的操作,不断切换角度,交替调整节点和边线,从空间整体对马的造型进行大致的调整,效果如图 3-125 所示。

㉞ 进行头部的精细调整,进入"多边形"级别,重新选取 4 个面,效果如图 3-126 所示。

㉟ 继续对选取的面进行挤出操作,效果如图 3-127 所示。

㊱ 头部的面全部生成完毕后,再次进行节点的调整,塑造出马的头部姿态,效果如图 3-128 所示。

㊲ 加入细分光滑,检查整体效果,如图 3-129 所示。

㊳ 下面来做马的耳朵,如图 3-130 所示,选取顶部的两个面,然后加入"插入"命令,生成新的多边形。

㊴ 同样,如图 3-131 所示,选取右侧的两个面插入新的多边形。

㊵ 同时选取新生成的 4 个面,使用"倒角"挤出生成耳朵的造型,参数和效果如图 3-132 所示。

㊶ 接下来制作耳朵上的耳窝,如图 3-133 所示,选取两个耳朵上的 4 个面。

㊷ 如图 3-134 所示,使用"插入"命令,生成新的多边形面。

㊸ 如图 3-135 所示,使用"倒角"命令,挤出耳窝效果。

㊹ 如图 3-136 所示,加入细分,检查当前生成的耳朵效果。

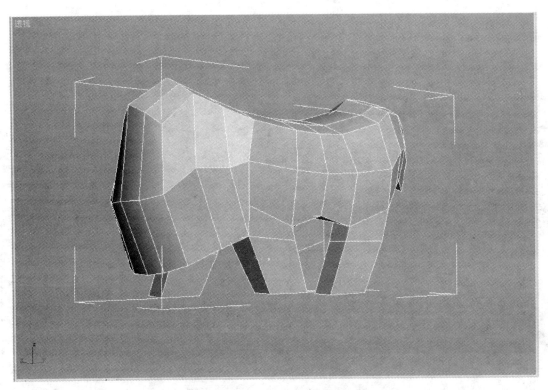

图 3-124 马的大致效果

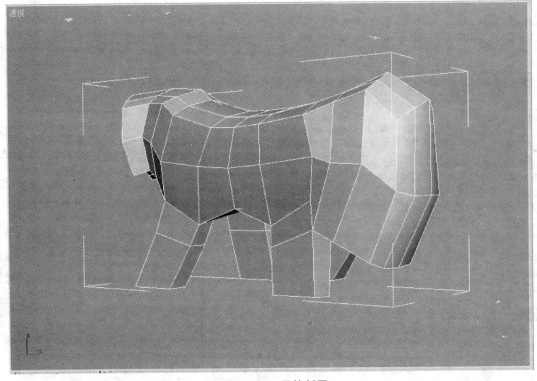

图 3-125 马的刻画

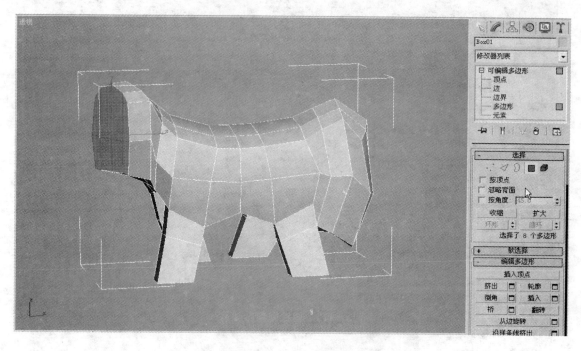

图 3-126 头部面的选择

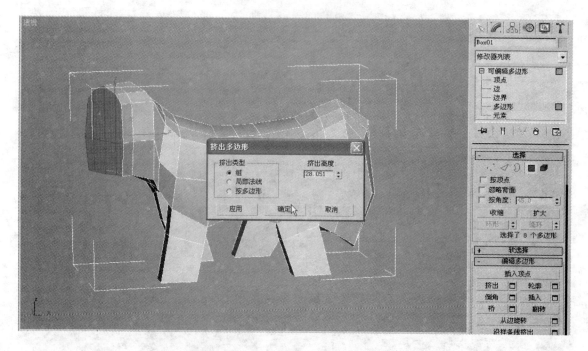

图 3-127 面的挤出操作

第 3 章 三维动画模型制作

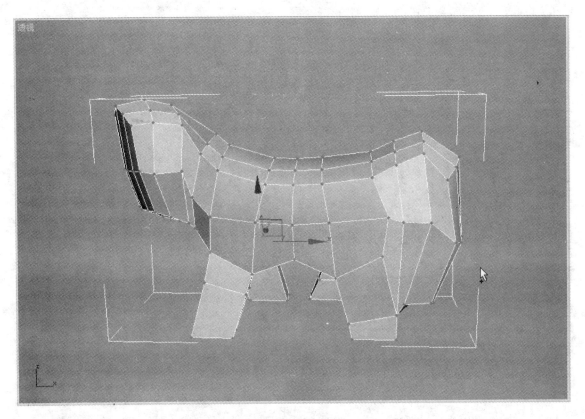

图 3-128 马的头部效果

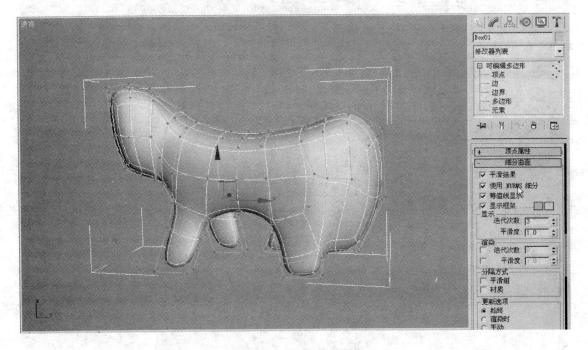

图 3-129 细分效果显示

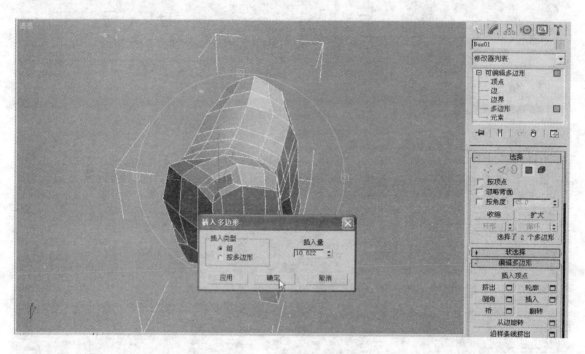

图 3-130 头部插入新的面

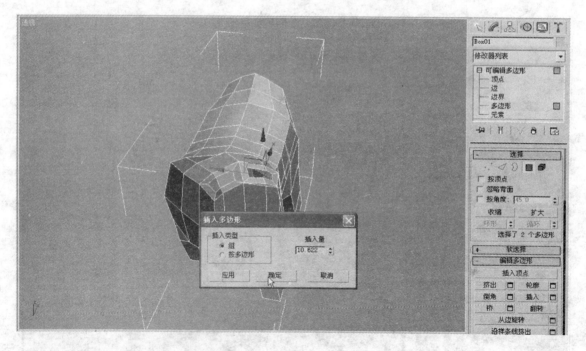

图 3-131 右侧插入新的面

第3章 三维动画模型制作

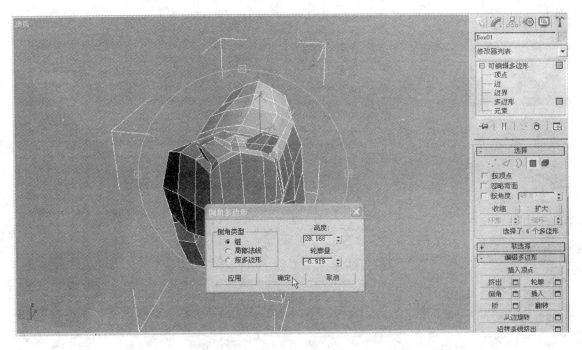

图 3-132 新插入面的挤出

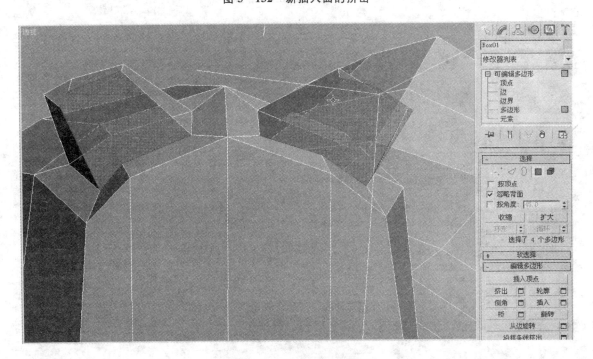

图 3-133 耳窝部位面的挤出

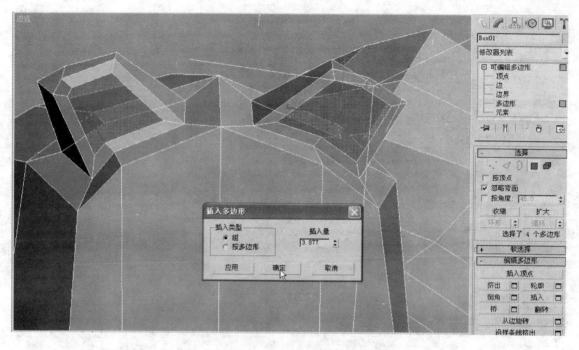

图 3-134 插入生成新面

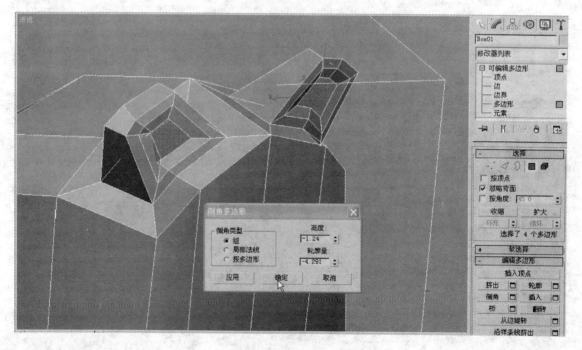

图 3-135 "倒角"挤出耳窝

第3章 三维动画模型制作

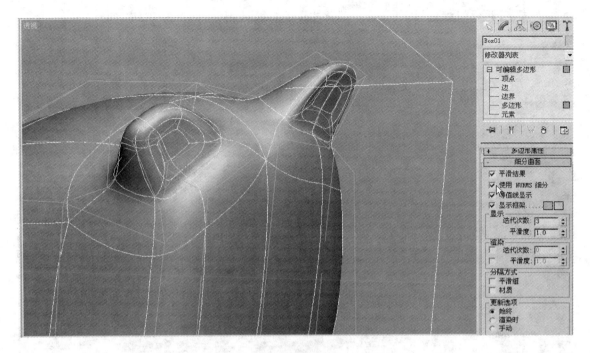

图 3-136 耳朵效果的细分显示

㊺ 现在马的全部效果已经产生,接下来再次进行细部刻画,以完成最终效果。首先如图 3-137 所示,选取马腿下部所有的面。

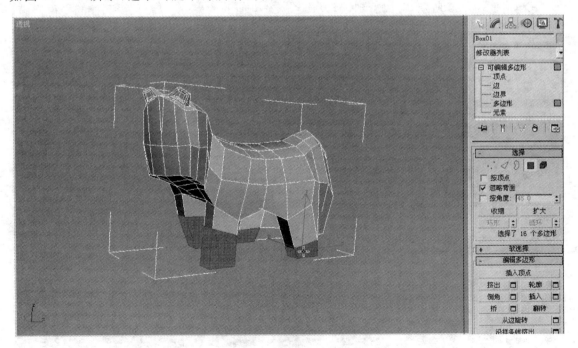

图 3-137 腿部面的选择

㊻ 如图 3-138 所示,单击"切片平面"按钮,出现黄色的切片平面,使用移动工具调整其位置如图,再单击"切片"按钮,即可产生新的面。注意,当打开"分割"项时,会在选取的边上产

生双重节点,并分割成为不相连的点,因此这里不打开此项。

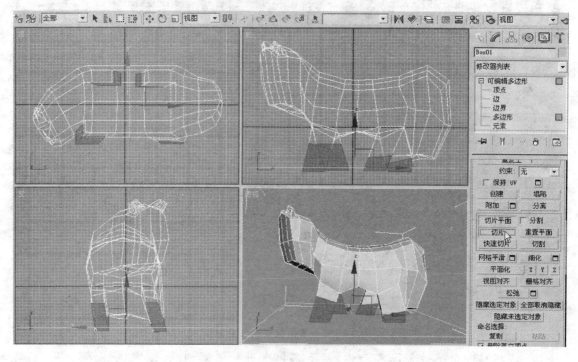

图3-138 利用切片产生新面

㊷ 如图3-139所示,可以看到,因为有了新产生面的约束,所以腿部受到控制变得饱满。

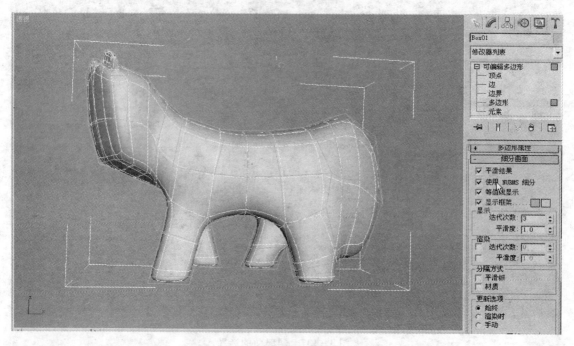

图3-139 腿部细分的效果

㊸ 接下来对腿部的不同位置再次加入边来约束造型。首先选取如图3-140所示一条

边线。

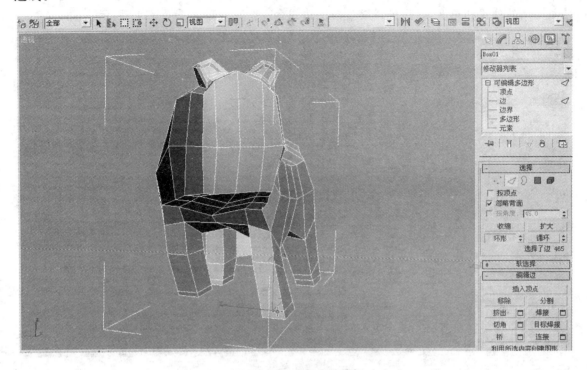

图 3-140 腿部边的选择

㊾ 如图 3-141 所示,使用"环形"方式,选取平行的边线。

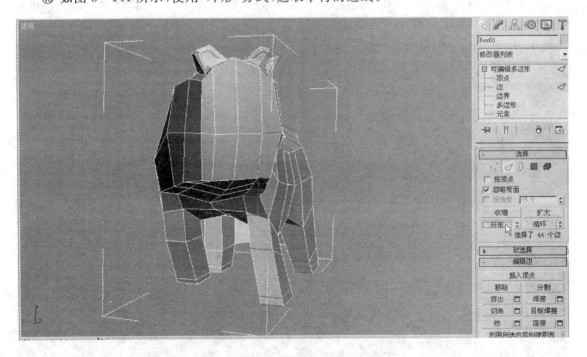

图 3-141 利用"环形"选择相关的边

㊿ 采用第㊻步的方法,产生新的边线。注意,在使用切割平面时,要通过旋转和移动调整切割平面的位置和角度,以保证最终生成的边线合理。其效果如图3-142所示。

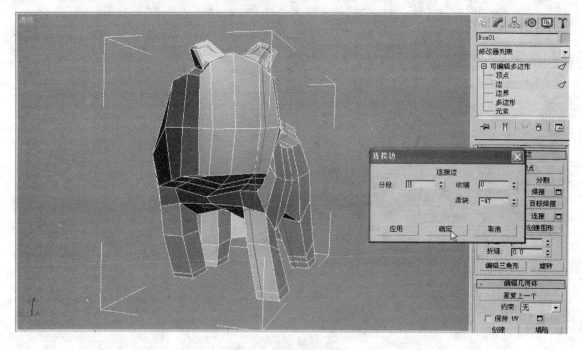

图3-142 生成新边的效果

㉛ 如图3-143所示,可以看到加入细分光滑后,左侧做完切片分割的两条腿为半圆形截面,而右侧则为椭圆形截面。

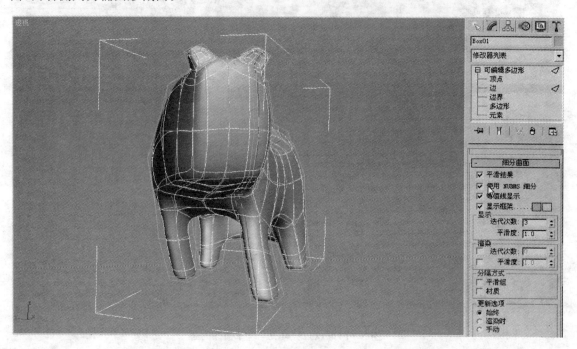

图3-143 左右两侧腿部细分效果对比显示

㊼ 同样的道理,对右侧两条腿做分割处理,如图3-144所示。

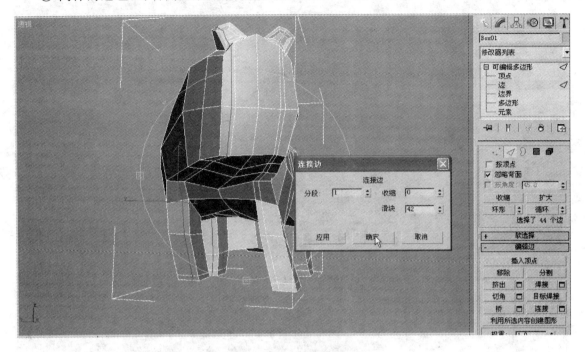

图3-144 右侧腿部刻画

㊽ 图3-145所示为加入细分光滑后的效果。

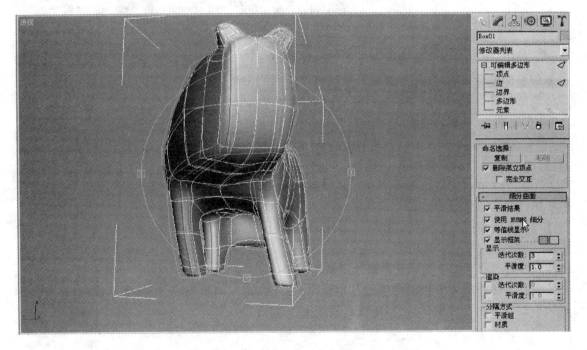

图3-145 细分效果显示

㊾ 完成整个模型的制作,最终效果如图3-146所示。

图 3-146 最终效果

(5) 制作总结:

本例中,通过对卡通造型——泥塑马的建模,介绍了多边形建模的基本方法。在这样一个看似简单的造型建模过程中,使读者对多边型建模的主要命令进行了学习。这种方法是多边型建模的主要思路之一。

思考与练习

(1) 3DS max 中常用的建模方法有哪些?各有什么特点?在建模的实际运用中,应按哪些原则选择合理的建模方法?

(2) 放样建模中如何理解载面与路径的关系?放样修改中的缩放、倾斜、拟合等适合于产生哪些效果?

(3) 利用放样的方法试着做出牙刷柄的效果。

(4) 理解并掌握多边形建模的基本思路,叙述多边形建模中点、线的控制原则;试着利用多边形建模方法制作鼠标、饮料瓶等产品类型。

第4章　材质编辑

本章将介绍 3DS max 中的重要内容——材质编辑。材质编辑是通过材质编辑器来完成的。

4.1　材质属性

世界上任何物体都有各自的表面特征，如玻璃、木头、大理石、花草、水或云等。怎样成功地表现它们不同的质感、颜色和属性是三维建模领域的一个难点。所谓材质，是指分配给场景中对象的表面数据，被指定了材质的对象在渲染后，将表现特定的颜色、反光度和透明度等外表特性。指定到材质上的图形称为"贴图"。用多种方法贴图能把最简单的模型变成丰富的场景画面。在 3DS max 中，巧用贴图的技术还能节省许多不必要的建模时间，以达到事半功倍的效果。

自然界中的物体表现出来的不同质感需要不同的贴图类型来实现。可以对构成材质的大部分元素指定贴图，也可以用贴图来影响物体的透明度及自体发光品质等。贴图也是一种减少建模工作量的捷径。

材质编辑器是 3DS max 中功能强大的模块，是实现多种特技及生成材质的基础，也是一种利用材质贴图的特性巧妙地减少模型的复杂度而达到事半功倍的有效途径。材质编辑器的样本球四周有白色小三角的材质称为热材质，热材质是已在场景中应用的材质，当改变热材质时，场景中的相应物体的材质将跟着改变。冷材质是指未应用于场景中的材质，当改变冷材质时，场景对象不会发生相应的变化。多数情况下使用标准材质，它包含设计真实材质所必需的大多数要素。标准材质的"光线跟踪"贴图方法也可以提供精确的反射和折射效果。使用"光线跟踪"材质，以获得真实的光影感觉。"光线跟踪"材质包含标准材质所没有的特性，如半透明性和荧光性，这些特性使材质的渲染令人非常满意。尽管"光线跟踪"可以产生极好的图像，但它降低了计算速度，取得令人满意的代价是大大增加渲染时间。

光是创建令人信服的自然材质的关键，例如表现天空要有一种距离感和地平线处的聚合感，而表现水要有一种"湿"的感觉，它们都与光亮度有关。模拟地貌则要求表现地表纹理、凹凸感和光亮模糊度等。尽量把物体弄得粗糙些，世界上几乎没有物体是绝对平滑的。使用像"噪波"、"烟雾"、"细胞"和"斑点"等特殊贴图来增加一些细微的、明显的表面肌理，以产生一种实景般的外观，这对于增强场景的真实感会大有好处。

通过本章的学习，将掌握如何使用材质编辑器，如何为对象设置材质、贴图，如何对这些材质、贴图进行调整，如何使作品看上去更像真实的世界或者说更像格林童话那样。

4.2　认识材质编辑器

进入"材质编辑器"对话框有以下 3 种方法：

(1) 在主工具栏中，单击"材质编辑器"按钮。
(2) 在菜单栏中，选择"渲染"→"材质编辑器"选项。
(3) 按下键盘上的 M 快捷键。

材质编辑器是一个非模块化浮动的、以对话框形式出现的程序，利用它来建立编辑材质和贴图，如图 4-1 所示。

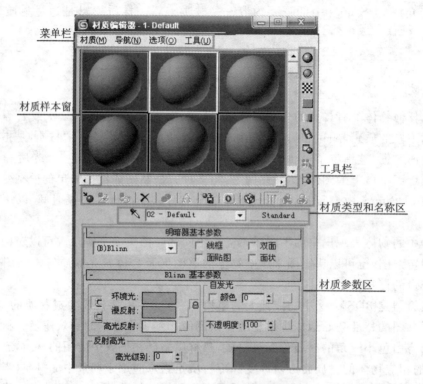

图 4-1 "材质编辑器"对话框

4.2.1 材质编辑器的视窗区功能介绍

"材质编辑器"对话框分为上下两部分。上半部分包含 6 个材质样本视窗、1 个垂直列工具栏、1 个水平行工具栏；下半部分包含材质类型和名称区及材质参数区。

倘若场景中物体过多，可能要用到多于 6 个的样本球。这时，可以右击任意一个样本球，在弹出的菜单中进行选择，如图 4-2 所示。可以选择 5×3 或 6×4 示例窗，样本球就会增加到最多能显示 24 个示例球。示例球用做显示材质及贴图效果，处于当前激活状态的示例窗四周为白色显示。

垂直工具列位于示例窗的右侧，主要用来控制材质显示的属性。每个按钮的具体含义如下：

（样本类型） 单击此图标会弹出示例球显示方式选择框，可提供球形显示、圆柱形显示及立方体显示 3 种选择。

（背光） 决定示例球是否打开背光灯。

（背景） 决定是否在示例窗中增加一个彩色方格背景，通常制作透明、折射与反射材质时开启方格背景。

▪（重复） 单击此按钮会弹出工具条 ▪▪▪▪▪，可将示例球上的贴图重复 4 倍、9 倍、16 倍的效果，但只改变示例窗中的显示，对材质本身没有影响。

▪（视频颜色检查） 检查除 NTSC 和 PAL 制式以外的视频信号色彩是否超过了视频界限。

▪（材质动画预视） 当需要制作材质动画时，快速单击此按钮可弹出"生成材质预视"对话框。如果单击该按钮且不立即松手，则会弹出"播放材质动画预视"按钮和"存储动画预视"按钮 ▪▪▪▪。

▪（选项） 单击此按钮将弹出"材质编辑器选项"对话框，可逐一选择示例窗的功能选项。

▪（材质选择） 单击此按钮会弹出"材质选择"对话框，可根据示例窗中选择的材质，将场景中相同材质的物体选择出来。

图 4-2 材质编辑示例球

▪（材质贴图导航器） 单击此按钮会弹出"材质树导航器"对话框，以层级树的形式来显示材质的整个情况。

水平工具行位于示例窗的下方，是常用工具，非常重要。每个按钮的具体含义如下：

▪（获取材质） 单击此按钮将弹出"材质/贴图浏览器"对话框，允许调出材质和贴图进行编辑修改。

▪（放置到场景中） 单击此按钮后将把与热材质同名的材质放置到场景中。

▪（赋予选择物体） 单击此按钮后将材质赋予当前场景中所有选择的对象。

▪（清除材质） 单击该按钮后将把示例窗中的材质清除为默认的灰色状态。如果当前材质是场景中正在使用的热材质，则会弹出一个对话框，可在"只清除示例窗中的材质"和"连同场景中的材质一起清除"中选择其一。

▪（制作材质拷贝） 单击此按钮将会把当前的热材质备份一份。

▪（储存材质） 单击此按钮后将弹出"名称输入"对话框，输入名称后，将把当前材质储存到材质库中。

▪（材质效果通道） 单击此按钮后将指定一个 Video Post 通道，使材质产生特殊效果，如发光特效等。

▪（贴图显示） 单击此按钮将使材质的贴图在视图中显现出来。

▪（显示最后结果） 单击此按钮后，该按钮会变成 ▪ 状，将显示材质的最终效果。松开该按钮将只显示当前层级的效果。该按钮是面向带有层级的材质使用的。

▪（回到父层级） 单击此按钮后将转到当前层级的上一级。

▪（到兄弟层级） 单击此按钮可以在当前层级内快速跳到下一个贴图或材质。

材料类型和名称区各部分的具体含义如下：

▪（吸管） 用做获取场景中对象材质的工具。

▪（材质名称下拉列表框） 用来重命名或取名。

Standard (材质类型栏) 单击该按钮将会弹出"材质类型选择"对话框,系统提供了十几种类型的材质,其中 Standard(标准材质)是默认的类型。其他类型包括混合材质、双面材质、多重子物体材质和顶底材质等。

4.2.2 将材质赋予指定对象

首先调用光盘附带文件"第 4 章\场景 1.max"。这是一个包含 6 个对象的场景文件,渲染后如图 4-3 所示。

实例:为酒壶指定一种材质。

(1) 在视图中,选择酒壶。此时,酒壶周围有白框显示,表明酒壶处于被选择状态。

(2) 单击"材质编辑器"按钮,弹出材质编辑器对话框。在材质编辑器中,选择第一个样本视窗。这时该视窗的周围将出现白色的外框,表明它是当前激活的样本视窗。

(3) 单击 (赋予选择物体)按钮,将

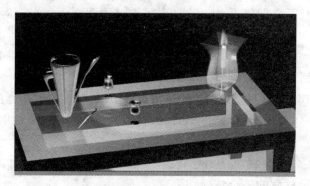

图 4-3 "场景 1"渲染效果

当前激活的样本视窗中的材质赋给所选取的场景对象。现在场景中的球体和样本球同色,并且在当前激活的样本视窗内的四角处出现 4 个白色的小三角。

注:使用拖放操作指定材质。

拖放操作是将材质指定给对象的最直接方法。如果要为其设置贴图的对象在场景中清晰可见,可使用此方法。其方法是:在材质编辑器中找到包含材质的示例窗;将此示例拖至场景中的物体上,当光标位于正确对象上时,工具提示会通知您。

图 4-4 所示为将实例球拖放给高脚壶。

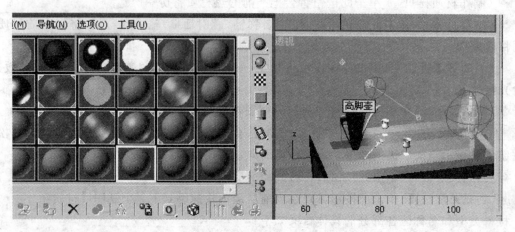

图 4-4 将实例球拖放给高脚壶

4.3 材质类型

3DS max 提供了多种材质类型,每一种材质类型都有独特的用途。在"材质编辑器"对话框(见图 4-1)中,单击 Standard 按钮,弹出"材质/贴图浏览器"对话框,如图 4-5 所示。其中列有标准、混合、双面、多维/子对象等十几种材质类型。

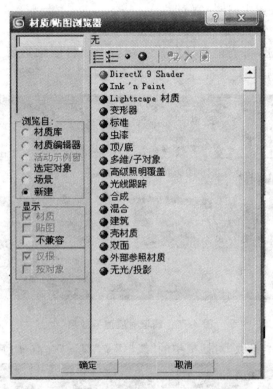

图 4-5 "材质/贴图浏览器"对话框

4.3.1 标准材质属性

标准材质可以创建许多常见材质效果。

1. 明暗器基本参数

材质最重要的部分是明、暗。在标准材质中,可以在"明暗器基本参数"对话框中选择明、暗方式,每一个明、暗的参数是完全一样的,如图 4-6 所示。

图 4-6 "明暗器基本参数"对话框

"线框":勾选此选项,可以使对象作为线框对象渲染。

"双面":勾选此选项,可以使对象的前面和后面都进行渲染,可用于模拟透明材料、网线材料等。

"面贴图":勾选该选项,可以使材质的贴图坐标设定在对象的每一个面上。

"面状":勾选此选项,可以使对象产生不光滑的明、暗效果。

实例:线框材质。

(1) 调出光盘附带文件"第 4 章\场景 1.max"。

(2) 在调出的场景视图中,选择酒壶。

(3) 在材质编辑器中,选择第一个样本视窗。

(4) 单击 工具按钮,将当前激活的样本视窗中的材质赋给所选取的场景对象。勾选"明暗器基本参数"对话框中的"线框"并渲染,其效果如图 4-7 所示。

图 4-7 线框材质渲染效果

(5) 勾选"明暗器基本参数"对话框中的"线框"及"双面"并渲染,其效果如图 4-8 所示。

图 4-8 "双面线框材质"渲染效果

2. 材质的基本参数

3DS max 默认的是 Blinn 明暗器,还有许多选项如图 4-9 所示。对于标准材质,明暗器是一种算法,它告知 3DS max 如何计算表面渲染。每种明暗器都有一组用于特定目的的独特特性。某些明暗器是按其执行的功能命名的,如"金属"明暗器;而其他明暗器是以开发人员的名字命名的，如 Blinn 明暗器和 Strauss 明暗器。3DS max9 中的默认明暗器为 Blinn 明暗器。

注意：除了下面列出的明暗器之外，3DS max 还支持插件明暗器类型。

下面介绍随本软件提供的明暗器。

"各向异性"：常用于产生磨沙金属或头发的效果。可创建拉伸并成角的高光，而不是标准的圆形高光。它创建的表面有非圆形的高光，常用于模拟光亮金属表面的不规则亮光。

Blinn：默认的着色方式，与 Phong（方氏）很相似，是一种带有圆形高光的明暗器，适合为大多数普通的对象进行渲染，其应用范围很广。

"金属"：专门用做金属材质的着色方式，体现金属所需的强烈高光。

图 4-9 "明暗器"子菜单

"多层"：成为一体的两个各向异性明暗器，用于生成两个具有独立控制的不同高光。此选项包含两个各向异性的高光，可以创建复杂的表面，如覆盖了发亮蜡膜的金属、丝缎和光芒四射的油漆等。

Oren-Nayar-Blinn：该选项具有 Blinn 风格的高光，但它看起来更柔和，为表面粗糙的对象如织物等进行着色的方式，通常模拟布、土、和人的皮肤等效果。

Phong：用于模拟硬的或软的表面。

Strauss：用于快速创建金属或者非金属表面，如光泽的油漆、光亮的金属等。

"半透明明暗器"：半透明明暗方式与 Blinn 明暗方式类似，但它还可用于指定半透明。半透明对象允许光线穿过，并在对象内部使光线散射。可以使用该方式来模拟被霜覆盖的或被侵蚀的玻璃，还可用于创建薄物体的材质，如窗帘、投影屏幕等，来模拟光线穿透的效果。

下面以默认的 Blinn 选项为例介绍其基本参数，如图 4-10 所示。

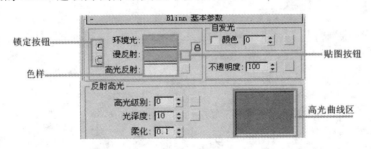

图 4-10 "Blinn 基本参数"对话框

"环境光"：用于控制材质阴影区域的颜色。它可用于模拟间接光，如遍及室外场景的大气光线，还可用于模拟光能传递，就是从色彩明亮的对象反弹的颜色。只要存在环境光，就由环境光颜色控制对象在阴影区域中的颜色。通常情况下，更改材质的环境光颜色后看不到任何效果，这是因为默认情况下环境光处于禁用状态。若要查看场景中的环境光颜色效果，必须创建环境光源。可以创建设置为"仅环境光"的灯光，以创建局部化效果，也可以使用"环境"对话框来影响整个场景。

"漫反射"：用于控制材质漫反射区域的颜色。漫反射颜色是位于直射光中的颜色。

"高光反射"：用于控制发光物体高光区的颜色。可以在"反射高光"组中控制高光的大小和形状。

"颜色"选择块：单击"颜色"选项右侧的颜色块，就可以调出颜色选择器，进行颜色的选择。

"锁定"按钮：用来锁定"环境光"、"漫反射"和"高光反射"中的两种或全部，被锁定的区域将保持相同的颜色。

"贴图"按钮：各颜色区域右侧的空白按钮用于指定贴图，单击这些按钮可以直接进入该颜色区的贴图层级，进行贴图的指定。指定贴图后，按钮会显示字母"M"。

"贴图锁定"按钮：在默认状态下，"环境光"和"漫反射"的贴图是互相锁定的，关闭右侧的小锁，可取消锁定状态。

"自发光"：可以使材质具有自身发光的效果，使对象看似光从其内部发出。如果要创建不需要照亮表面的灯光（如沿太空船周围的航行灯效果），则使用"自发光"可以节省渲染开销。如果勾选"颜色"选项，则通过右侧的色样可以调出颜色选择器，进行发光颜色的指定；如果取消勾选，则通过右侧的数值调整可以控制发光的强度。最右侧是贴图快捷按钮。

"不透明度"：通过数值输入来设置材质的透明度。数值为 100 时为不透明材质；数值为 0 时为完全透明材质。

"高光曲线区"：包括"高光级别"、"光泽度"和"柔化"3 个参数区及右侧的曲线显示框，其作用是用来调节材质质感的。"高光级别"、"光泽度"与"柔化"3 个值共同决定物体的质感。曲线是对这 3 个参数的描述，通过它可以更好地把握对高光的调整。对于光滑的硬性材质，如硬塑料，"高光级别"、"光泽度"的值应较高，而"柔化度"要低；对于反射较柔和的材质，如软塑料、橡胶、纸等，"高光级别"、"光泽度"的值应低一些，而"柔化度"要高；对于墙壁、地板、衣料等较粗糙的材质，"高光级别"、"光泽度"及"柔化度"的值都要较低。如果需要制作反射强烈的材质，如金属、玻璃、宝石等，那么首先应选择"金属"着色模式，然后再对"高光级别"、"光泽度"的值进行调节。

3. 材质的扩展参数

"扩展参数"对于"标准"材质的所有着色类型来说都是相同的，它具有与透明度和反射相关的控制参数，以及线框模式的选项，其对话框如图 4-11 所示。

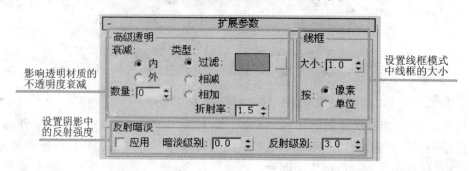

图 4-11 "扩展参数"对话框

"高级透明"控制区：调节透明材质的透明度。

"衰减"：为两种透明材质的不同衰减效果，"内"是由外向内衰减，"外"是由内向外衰减。

"类型"控制区：该控制区有 3 种透明过滤方式，即"过滤"法、"相减"法、"相加"法。在这 3 种透明过滤方式中，"过滤"法是常用的选择，该方式用于制作玻璃等特殊材质的效果。"折射率"用来控制折射贴图和光线的折射率。

"线框"控制区：必须与基本参数区中的线框选项结合使用，可以做出不同的线框（见图 4-6）效果。

"大小"：用来设置线框的大小，包括像素和单位两种不同效果。

"反射暗淡"控制区：该控制区主要针对使用反射贴图材质的对象。当物体使用反射贴图后，全方位的反射计算导致其失去真实感。此时，单击"应用"选项旁的勾选框，打开"反射暗淡"，"反射暗淡"即可起作用。

4. 超级采样

"超级采样"是针对使用很强"凹凸"贴图的对象，超级样本功能可以明显改善场景对象渲染的质量，并对材质表面进行抗锯齿计算，使反射的高光特别光滑。但是，尽管不需要额外的内存，渲染时间却大大增加。在默认状态下，"超级采样"为关闭，需要打开时，只要单击"使用全局设置"选项前的勾选框即可打开超级样本。超级采样界面内的下拉列表框中提供了超级采样的 4 种不同类型的选择，一般情况使用系统默认的便能达到较好的效果，如图 4-12 所示。

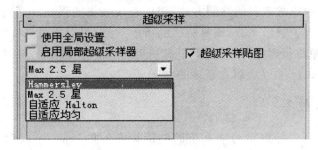

图 4-12 "超级采样"对话框

5. "贴图"对话框

"贴图"区是材质制作的关键环节，3DS max 在标准材质的贴图区提供了 12 种贴图方式。每一种方式都有它独特之处，能否塑造真实材质在很大程度上取决于贴图方式与形形色色的贴图类型结合运用的成功与否，如图 4-13 所示。

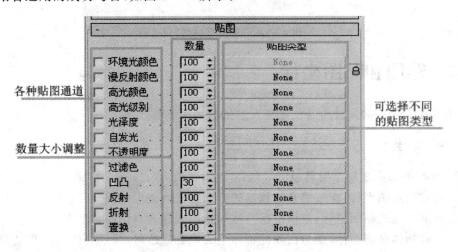

图 4-13 "贴图"对话框

"环境光颜色"贴图：默认状态中呈灰色显示，通常不单独使用，效果与"漫反射颜色"贴图锁定。

"漫反射颜色"贴图：使用该方式，物体的固有色将被置换为所选择的贴图，应用漫反射原理，将贴图平铺在对象上，用以表现材质的纹理效果，是最常用的一种贴图。

"高光颜色"贴图：与"固有颜色"贴图基本相近，不过贴图只展现在高光区。

"高光级别"贴图：与"高光颜色"贴图相同，但强弱效果取决于参数区中的"高光强度"。

"光泽度"贴图：贴图出现在物体的高光处，控制对象高光处贴图的"光泽度"。

"自发光"贴图：当该贴图赋予对象表面后，贴图浅色部分产生发光效果，其余部分依旧。

"不透明度"贴图：依据贴图的明暗度在物体表面产生透明效果。贴图颜色越深的地方越透明，颜色越浅的地方越不透明。

"过滤色"贴图：会影响透明贴图，材质的颜色取决于贴图的颜色。

"凹凸"贴图：是一种非常重要的贴图方式，贴图颜色浅的部分产生凸起效果，颜色深的部分产生凹陷效果，是塑造真实材质的重要手段。

"反射"贴图：一种非常重要的贴图方式，用以表现金属的强烈反光质感。

"折射"贴图：运用于制作水、玻璃等材质的折射效果，可以通过选择"参数控制"面板中的"折射贴图"→"光线跟踪折射率"选项来调节其折射率。

"置换"贴图：3DS max 以后版本新增的贴图。

6. 动力学属性

"动力学属性"是专门针对动力学系统的性能而开发的功能，可以对材质的"反弹系数"、"静摩擦"、"滑动摩擦"进行设置，与动力学系统配合模拟自然规律运动。图 4-14 所示为"动力学属性"对话框。

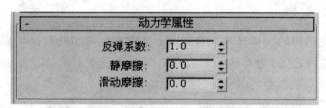

图 4-14 "动力学属性"对话框

4.3.2 贴图和贴图坐标

将图像和纹理添加到材质是创建逼真效果的最重要的技术之一。

1. 贴图坐标

3DS max 的贴图坐标主要有以下 3 类：
（1）内建式贴图坐标，即按照系统预定的方式给物体指定贴图坐标。
（2）外部指定式贴图坐标，是指根据物体形状由创建者自己决定贴图坐标。
（3）放样物体贴图坐标，是指在放样物体生成或者修改时，按照物体横向和纵向指定贴图坐标。

在不指定贴图坐标方式的情况下,系统贴图坐标方式默认为内建式贴图方式。

2. 贴图坐标的调整

标准物体的内建贴图坐标确定了贴图所在的位置,像圆柱,图案会围绕其侧面一周进行贴图;而一些非标准物体,像一些多面体,其每个侧的贴图坐标可能都是不同的,内建的贴图坐标位置都需要调整,如"偏移"、"平铺"、"镜像"等,这些都需要改变贴图坐标。利用材质编辑器中的坐标选项区域可调整贴图在物体上的具体坐标位置,如图 4-15 所示。

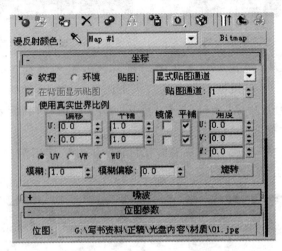

图 4-15 "坐标"选项区域

"偏移":是指贴图起始点的坐标向 X 轴、Y 轴偏移,而 U 代表 X 轴,V 代表 Y 轴,即 U 为横向坐标偏移,V 为纵向坐标偏移。

"平铺":可以改变图像在各个方向上的重复次数。

"角度":其值决定着图像相对于物体在各个方向上的偏移角度。

"模糊":与"模糊偏移"共同决定图像的模糊程度。

以上是对二维贴图(2D Maps)参数的设定,如果选择三维贴图(3D Maps),则其设定稍微有些变化,但基本是一致的。

下面做一个长方体贴图练习:

(1) 为了使坐标调整后效果比较明显,这里重新创建一个比较大的长方体,并选取材质编辑器的第一个样本材质赋予它。

(2) 打开材质编辑器中的"贴图"对话框,勾选"漫反射颜色"单选按钮,选择"材质/贴图浏览器"(见图 4-5)选项,再选取"位图",在弹出的"文件浏览器"中添加本书所附光盘中提供的"材质(第 4 章附带内容)/01.jpg"。

(3) 单击 ⊙(显示贴图)按钮在视图中预演,结果如图 4-16 所示。

(4) 3DS max 中的平铺功能与 Windows 下的平铺功能是一样的。U 值决定了横向贴图的个数,而 V 值决定了纵向贴图的个数。将材质编辑器中平铺下与 U 相对应的微调器调到"4",发现长方体的表面被贴上 4 个图案,效果如图 4-17 所示。

(5) 调整"偏移",U 坐标的改变使照片左右移动,V 坐标的改变使照片上下移动。

图4-16　长方体贴图效果　　　　图4-17　调整"平铺"后长方体贴图效果

（6）将"角度"中的 U 值调到 10.00，V 值调到 20.00，W 值调到 30.00，视图中长方体的贴图效果如图4-18所示。可以根据创作者的需求来调整 U、V、W 的值，以达到最终效果。

（7）回到第（4）步，通过单击"旋转"按钮，打开"旋转"对话框，利用其中的坐标旋转可对视图中的照片进行旋转，效果非常明显。

（8）将"模糊"的值调到 0.01，"模糊偏移"的值调到 0.1，然后渲染透视图，发现渲染效果非常模糊，效果如图4-19所示。

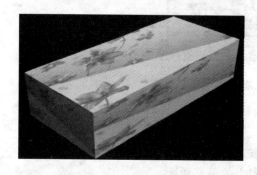 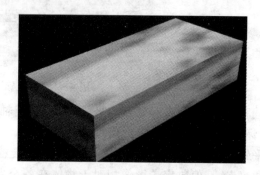

图4-18　调整"角度"后长方体贴图效果　　图4-19　调整"模糊"及"模糊偏移"后长方体贴图效果

（9）勾选"镜像"复选框 U 和 V 所对应的复选框，发现视图中出现了艺术性的变化，如图4-20所示。

注意：3DS max中各个参数的调整幅度差别很大，有的参数值调整很小，而相应的效果却改变很大；有的参数值调整很大，而相应的效果却改变很小。读者需要反复地练习，才能很好地掌握参数值的改变对制作效果的影响。

3. 贴图方式

3DS max 主要提供了"平面"、"柱形"、"球形"、"收缩包裹"、"长方体"、"面"贴图和"X Y Z 到 U V W"贴图等几种贴图方式。

下面是对各贴图方式的简单介绍。

1)"平面"贴图方式

"平面"贴图方式按垂直于范围框表面的方向对图像进行平行投影，可以通过范围框移动等操作来调整贴图的位置。使用"平面"贴图方式，可以在投影的过程中产生很小的变形，但是会在物体的表面产生条纹。这些条纹可以用调节工具来避免。其步骤如下：

（1）将材质编辑器中刚才的设置都恢复到初始状态。

（2）单击"修改"工具按钮 进入修改命令面板，在该面板中单击"修改器列表"，再单击"UVW Map 贴图"按钮，发现长方体的顶部出现了图案，而其他侧面发生了变化，被贴上了条纹，如图 4-21 所示。因为物体添加了"UVW Map 贴图"修改器，并按指定的贴图坐标进行贴图，所以物体表面的贴图纹理就正确了。

图 4-20　调整"镜像"后长方体贴图效果

图 4-21　使用"UVW 平面贴图"效果

（3）打开"参数"卷展栏，电脑内设的贴图方式为"平面"贴图方式。

2）"柱形"贴图方式

虽然对圆柱进行贴图时可以使用"平面"贴图方式，但"柱形"贴图方式更适合圆柱物体的贴图。

3）"球形"贴图方式

"球形"贴图方式是从球心向外投影，图像必须在球的左右边界与球面形式结合在一起，贴图图案只在球的顶部和底部产生两个结合点。这既可利用标准球型物体的内在映像坐标进行调整，又可利用"UVW Map 贴图"进行调整，相比之下，"UVW Map 贴图"调整更灵活些。

4）"收缩包裹"贴图方式

"收缩包裹"贴图方式可以使贴图图像收缩到某一点上。

5）"长方体"贴图方式

"长方体"贴图方式可以将抽象的图案贴在形状复杂的物体上，可避免出现条纹和图像的变形。

6）"面"贴图和"X Y Z 到 U V W"贴图方式

"面"贴图和"X Y Z 到 U V W"贴图可使物体的表面出现多个贴图图案，效果非常明显。

贴图方式的选择不是随意的，必须根据所创建的物体来决定。不同的物体应该选择不同的贴图方式。

4.3.3　贴图练习实例

实例 1：制作苹果纹理贴图。

假设要在场景中生成一个逼真的苹果，最直接的方法是，在材质的漫反射成分中将逼真的图像作为纹理贴图。换句话说，就是物体的固有色用贴图纹理来代替。其基本步骤如下：

① 买一个苹果并拍摄其照片；

② 裁剪照片的一部分；
③ 使用扫描仪或数码相机使裁剪的照片部分数字化；
④ 将此图像加载到计算机；
⑤ 将此图像作为"漫反射"贴图应用；
⑥ 将纹理贴图添加到材质中。

下面介绍具体的制作步骤：

(1) 调出光盘附带文件："第 4 章\场景——苹果.max"，并在场景中选择苹果。其渲染效果如图 4-22 所示。

(2) 打开"材质编辑器"对话框（见图 4-1），在"Blinn 基本参数"卷展栏上单击"漫反射"色样右侧的"贴图选择器"按钮，以显示"材质/贴图浏览器"。在"材质/贴图浏览器"中选择"位图"，在弹出的对话框中打开配套光盘中附带文件"材质(第 4 章附带内容)/苹果贴图 2.jpg"。其渲染效果如图 4-23 所示，苹果上的纹理看起来很适当，但真实的苹果皮表面具有凹痕。可以对此进行模拟，并使用"凹痕"贴图增加真实感。这不会在视口中显示，但渲染时可以看到。

图 4-22 "场景——苹果"渲染效果　　图 4-23 贴图后"场景——苹果"渲染效果

(3) 此时，"材质/贴图浏览器"将关闭，苹果纹理贴图显示在材质示例中，但未显示在视口中。若要在视口中显示纹理贴图，则单击"材质编辑器"工具栏上的"在视口中显示贴图"按钮，苹果纹理贴图就将显示在视口中。

贴图坐标和视口可见性注意事项如下：

苹果贴图显示在视口中，这是因为苹果对象已经应用了贴图坐标。与 3DS max 中的其他参数对象类似，当创建苹果对象时属于规则性几何体，系统使用默认的贴图坐标，因此苹果球体生成自己的贴图坐标。而创建模型时不属于规则性的物体，系统将不会使用默认贴图坐标，因此贴图不会出现在视口中，即使已启用"在视口中显示贴图"也是如此。在这种情况下，可以将"UVW 贴图"修改器添加到对象，以显示纹理。如果纹理贴图仍不显示，可以移动"UVW 贴图"修改器的 Gizmo，并试用"坐标"选项区域中的"偏移"、"平铺"和"角度"参数。

(4) 添加"凹痕"贴图。在"贴图"卷展栏中的"凹凸"贴图旁边的"贴图类型"调出"材质/贴图浏览器"并选择"凹痕"贴图，调整其参数并渲染，效果如图 4-24 所示。

实例 2：制作场景材质贴图。

调出光盘附带文件："第 4 章\场景 2.max"。在该场景中，摄像机及灯光参数都已调好。其渲染结果如图 4-25 所示。

现在为场景中的几个物体设置材质：

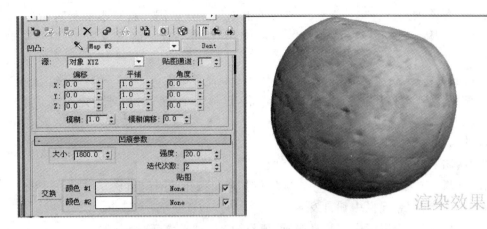

图 4-24　添加"凹痕"贴图后"场景——苹果"渲染效果

图 4-25　"场景 2"渲染效果

(1) 给玻璃烛台指定玻璃材质：

① 按键盘上的 M 键打开"材质编辑器"对话框，选择一个空白材质球指定给场景中的玻璃灯。

② 确认当前材质类型为"标准"材质。

③ 在"明暗器基本参数"卷展栏中勾选"双面"选项，使玻璃灯的法线的另一侧也被显示。

④ 在"基本参数"卷展栏中单击"漫反射"通道按钮并选择橙红色。在颜色选择器中的参数设置：红为 244；绿为 105；蓝为 12；"色调"为 17；"饱和度"为 242；"亮度"为 244。

⑤ 在"基本参数"卷展栏中，"自发光"值设为 36；"不透明度"值设为 28。

⑥ 在"反射高光"卷展栏中，"高光级别"值设为 29；"光泽度"设为 52；"柔化"设为 0.1。

图 4-26　玻璃材质效果

⑦ 打开"贴图"卷展栏,在"凹凸"贴图通道上添加一张贴图。打开本书所附光盘,从中选择"材质(第 4 章附带内容)/08-GLA046.jpg"文件,并将"凹凸"值设为 260。其渲染效果如图 4-26 所示。

(2) 给高脚壶、酒杯 1、酒杯 2 以及叉子指定一个金属材质:

① 按键盘上 M 键打开"材质编辑器"对话框,选择一个空白材质球指定给场景中的高脚壶、酒杯 1、酒杯 2 以及叉子。

② 确认当前材质类型为"标准"材质。

③ 在"明暗器基本参数"卷展栏中选择"金属"。

④ 在"金属基本参数"卷展栏中单击"漫反射"通道按钮,选择白色。

⑤ 在"基本参数"卷展栏中,"自发光"值设为 10。

⑥ 在"反射高光"卷展栏中,"高光级别"值设为 216;"光泽度"设为 90。

⑦ 打开"贴图"卷展栏,在"反射"贴图通道上添加"反射/折射"效果,"反射/折射"数值设为 70。其渲染效果如图 4-27 所示。

(3) 为碗指定一个玻璃花纹材质:

① 按键盘上 M 键打开"材质编辑器"对话框,选择一个空白材质球指定给场景中的碗。

② 确认当前材质类型为"标准"材质。

③ 在"明暗器基本参数"卷展栏中选择 phong,并勾选"双面"选项,使碗的法线的另一侧也被显示。

④ 在"phong 基本参数"卷展栏中单击"漫反射"通道边的 M 按钮,并进入贴图通道。打开本书所附光盘中的"材质(第 4 章附带内容)/08-GLA046.jpg"文件。

⑤ 单击"回到上一层级"按钮回到上一层级。

⑥ 在"phong 基本参数"卷展栏中单击"不透明度"通道边的 M 按钮,并进入贴图通道。打开本书所附光盘中的"材质(第 4 章附带内容)/08-GLA046.jpg"文件。

⑦ 单击"回到上一层级"按钮回到上一层级。

⑧ 在"反射高光"卷展栏中,"高光级别"值设为 86;"光泽度"值设为 56;"柔化"值设为 0.1。其渲染效果如图 4-28 所示。

图 4-27 金属材质效果

图 4-28 玻璃花纹材质

4.3.4 复合材质

在材质编辑器中,不但可以编辑"材质"和"贴图",而且还可以将两者结合起来使用。复合材质与贴图使我们能够建立材质和贴图的层级。有层级的材质是指包含其他材质的材质;有层级的贴图是指包含其他贴图的贴图。复合材质就是指有层级的材质;复合贴图就是指有层级的贴图。复合材质是 3DS max 中除标准材质外最重要的材质类型,它实际上就是两个或者两个以上的材质联合使用。标准材质的应用比较简单,要想真正领略材质的艺术效果,还必须掌握复合材质的应用。

注意:在创建复合材质时,给自己创作的材质或者贴图起一个合适的名字并存入材质库,不但可以备用,而且容易查找。

下面介绍材质/贴图浏览器的材质类型。

材质制作在 3DS max 中占有十分重要的地位,是模拟三维世界成功与否的关键,而丰富的材质种类将使选择余地更大,并且起到决定性作用。打开"材质编辑器",单击水平工具行右侧的"材质类型"按钮,弹出"材质/贴图浏览器"对话框,如图 4-29 所示。

其中标准材质前面已经讲过,相对标准材质来说,其余几种材质类型是由若干材质通过一定方法组合而成的材质,含两个或两个以上的子材质,而子材质可以是标准材质,也可以是复合材质。

以下重点介绍标准材质以外的几种重要的材质类型。

1. 混合材质

混合材质的效果是将两个标准材质或其他子材质混合在一起使用,产生特殊的融合效果。另外,混合材质的制作还可以将混合的过程记录为动画,做成动画材质。混合材质只能作用于物体的一侧。

打开"材质编辑器",单击"材质类型"按钮,弹出"材质/贴图浏览器"对话框,双击"混合材质",则"混合基本参数"对话框出现在材质编辑器的下半区,如图 4-30 所示。

图 4-29 "材质/贴图浏览器"对话框

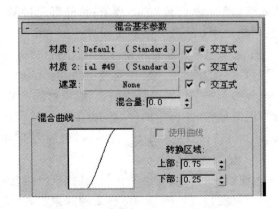

图 4-30 "混合基本参数"对话框

"混合基本参数"对话框中各部分的含义如下:

"材质1":单击该选项旁的按钮会弹出第一种材质的材质编辑器,可以对该材质进行属性设置。

"材质2":单击该选项旁的按钮会弹出第二种材质的材质编辑器,可以调整该材质的属性参数。

遮罩:单击该选项旁的按钮将弹出"材质/贴图浏览器"对话框,选择一张贴图作为遮罩,对上面两种材质进行混合调整。

"交互":在"材质1"和"材质2"中选择一种材质展现在物体表面,主要是在以实体着色方式进行交互渲染时应用。

"混合量":调整两个材质的混合百分比。当数值为0时,只显示第一种材质;为100时,只显示第二种材质。当"遮罩"选项被激活时,"混合量"为灰色,处于不可操作状态。

"混合曲线":此选项以曲线方式来调整两个材质混合的程度。其曲线框将随时显示调整的状况。

"使用曲线":以曲线方式设置材质混合的开关。

"转换区域":通过更改"上部"和"下部"的数值达到控制混合曲线的目的。

实例:

(1) 混合材质的创建:

使用混合材质之前必须创建混合材质,混合材质需要两个子材质的相融与搭配。建立混合材质的步骤如下:

① 执行"文件"→"新建"命令重新设定系统,并打开"材质编辑器"。

② 激活第一个样本材质球。

③ 单击"材质类型"按钮,在弹出的对话框中双击"混合"选项。

④ 在出现的对话框中选择"将旧材质保存为子材质"单选按钮,之后单击"确定"按钮,材质编辑器的下半部分变成混合材质的各项内容。

⑤ 给混合材质起个名字"混合"。

(2) 子材质的修改:

当对系统产生的材质不满意时,可对其进行修改。修改步骤如下:

① 单击"材质1"选项旁显示材质名称的按钮,材质编辑器的下半部分切换为标准材质的属性参数。

② 勾选"明暗器基本参数"对话框中的"双面"复选框,然后调整"反射高光"选项区域的"高光级别"和"光泽度"的参数值;另外再通过颜色选择框将"自发光"下的颜色调亮一些。其颜色调整方法:单击黑色条框,会弹出一个"颜色选择"对话框,将箭头调到总高度的1/4处。

③ 如果想回到混合材质状态下,则可以单击"回到上一层级"按钮,也可以单击"材质类型"按钮,并选择弹出的名称列表中的"混合"选项,即可达到目的。如果想继续编辑第二个材质,则直接单击"材质2"旁的按钮,编辑器的参数就变成了第二个子材质的参数,并单击其"漫反射"后的按钮,在弹出的"材质/贴图浏览器"对话框中选择一个"噪波"贴图。

④ 单击"回到上一层级"按钮,回到混合材质状态,材质样本球如图4-31所示。

(3) 材质的混合:

上面第一种材质与第二种材质的混合比例是通过混合量微调器来调整的。当它的值为0时,混合材质只表现出第一种材质的效果;当其值为100时,混合材质完全表现为第二种材质的效果。

(4) 屏蔽功能：

混合材质的屏蔽功能也可以来确定两种材质的混合比例，它是利用贴图图像的颜色强度值来调整两种子材质在混合材质中所占比例的。

① 单击"屏蔽"后的按钮，从弹出的"材质/贴图浏览器"对话框中选择"位图"贴图。

② 弹出对话框后，选择一个贴图文件，例如本书所附光盘中的"材质（第4章附带内容）/B004ROPB.jpg"文件。

③ 单击"回到上一层级"按钮回到混合材质状态，这时可以发现混合材质的样本球发生了变化，结果如图4-32所示。

图4-31　混合材质样本球

图4-32　混合材质的屏蔽功能样本球

④ 勾选"曲线控制"复选框。

⑤ "转换区域"选项区域的"上部"和"下部"微调器的默认值为0.75和0.25，调整"上部"和"下部"的值会发现，当这两项的值上升时，混合材质样本球上的斑点越来越清晰，直到最后因光亮而消失；当这两项的值下降时，混合材质上的斑点连成一片，使材质成为灰色。

注：图4-33所示的结果是在"上部"和"下部"的值为1.00的情况下出现的；图4-34所示的结果是在"上部"和"下部"的值为0.00的情况下出现的。

图4-33　调整"屏蔽"参数后混合材质的样本球1

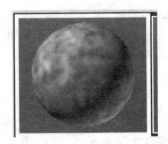
图4-34　调整"屏蔽"参数后混合材质的样本球2

(5) 渲染效果：

混合材质只有通过渲染才能更好地查看效果。

① 通过"命令"面板创建一个茶壶。

② 单击"赋予选择物体"按钮把混合材质赋给茶壶。

③ 单击工具栏上的"快速渲染"按钮，进行快速渲染，发现茶壶被贴上有灰色条文斑的图案，如图4-35所示。

图4-35　茶壶的"混合"材质效果

2. 合成材质

合成材质是将两个或两个以上的子材质叠加在一起。单击"材质编辑器"中的"材质类型"按钮,在弹出的"材质/贴图浏览器"对话框中双击"合成材质","材质编辑器的"合成基本参数"对话框变为如图4-36所示对话框。

"合成基本参数"对话框各部分的含义如下:

"基础材质":单击"基础材质"旁的按钮,为合成材质指定一个基础材质。该材质可以是标准材质,也可以是复合材质。

"材质1"~"材质9":合成材质最多可合成9种子材质。单击每个子材质旁的空白按钮,弹出"材质/贴图浏览器"对话框,可为子材质选择材质类型。选择完毕后,"材质编辑器"的"参数区"卷展栏将从"合成材质基础参数区"卷展栏自动变为"所选子材质的参数区"卷展栏。编辑完成后可单击水平工具行的"回到父层级"按钮返回。

3. 双面材质

双面材质在需要看到背面材质时使用。双面材质是"材质编辑"中功能最强的一种,它可以给物体的正反两面赋予不同的材质,使物体的立体感和层次感更强。但是必须激活"双面"选项;否则3DS max在渲染场景时,只会渲染正面而忽略其背面。双面材质可使物体的正面和反面都被渲染。"双面基本参数"对话框如图4-37所示。

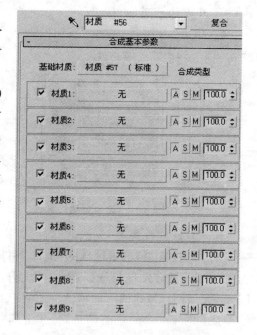

图4-36 "合成基本参数"对话框

单击"材质编辑器"水平工具行的"标准"按钮,弹出"材质/贴图浏览器"对话框。选择"双面"材质,进入到"双面基本参数"对话框。"双面基本参数"对话框各部分按钮含义如下:

"半透明":决定表面、背面材质显现的百分比。当数值为0时,第二种材质不可见;当数值为100时,第一种材质不可见。

"正面材质":单击旁边的"材质类型"按钮,挑选表面材质的类型。

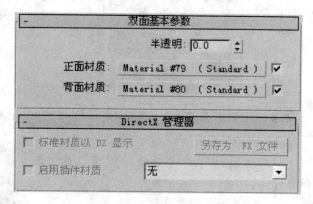

图4-37 "双面基本参数"对话框

"背面材质":决定双面材质的背面材质的类型,其方法与表面材质的设定相同。

实例:

许多介绍3DS max的书都是通过双面材质在文字显示上的应用来说明双面材质的作用,在这里也利用一个简单的文字例子来介绍双面材质的应用:

(1) "文件"→"新建"选项重新初始化系统。
(2) 打开"创建"下的"图形"命令面板。
(3) 单击"文本"按钮,将命令面板的下半部分向上拖动,直到显示出"文本"输入框。
(4) 删除系统默认文本 MAX Text,打开 Windows 下挂载的中文输入法,在"文本"下输入"双面"两字。
(5) 单击视图,会发现视图中出现"双面"两个字,调整"大小"和"间距"使两字在视图中大小适中,并单击"居中对齐"按钮。
(6) 打开"修改"命令面板,选择"挤出",将数量微调器的值调到 50.00。
(7) 把命令面板的下半部分向上拖动,取消"封口"复选框下的"封口末端"的选择,可见视图中的文字表面消失,只剩文字构架。
(8) 打开"材质编辑器",将第一个样本材质球赋予文字,文字的颜色虽变成灰色,但仍没有表面,只有框架。

注意:样本框中的材质都是标准材质,物体内侧使用的是明暗渲染,材质效果只能从文字的外侧体显示出来。

(9) 在"材质编辑器"中,单击其后面的材质"类型"按钮,弹出"材质/贴图浏览器"对话框,然后单击"双面材质"选项。
(10) 从弹出的对话框中单击"将旧材质保存为子材质"单选按钮,将原来的材质保留为子材质。
(11) 单击"确定"按钮确认,视图中的文字正反两面都显示出来。

图 4-38 双面材质效果

(12) "半透明度"是双面材质的唯一参数,将其值调到 100.00,渲染视图观看效果,会发现文字更厚实,但比较暗淡,渲染如图 4-38 所示。

注:双面材质功能之所以强大,主要在于它可以指定任何标准材质或者复合材质赋予物体的正反两面。

4. 投影材质

投影材质通过给场景中的对象增加投影使物体真实地融入背景,造成投影的物体在渲染时见不到,不会遮挡背景。打开投影材质的方法同上述材质类型相同。"无光/投影基本参数"对话框如图 4-39 所示。

其各部分的含义如下:

"无光" 决定是否将不可见的物体渲染到不透明的 Alpha 通道中。

"大气" 是否勾选"大气"选项(加入大气环境)将决定不可见物体是否受场景中的大气设置的影响;"以背景深度"是二维效果,场景中的雾不会影响不可见物体,但可以渲染它的投影;"以对象深度"是三维效果,雾将覆盖不可见物体表面。

"阴影" "接收阴影"决定是否显示所设置的投影效果。将上方不透明的 Alpha 通道项关闭便开启此选项,其作用是将不可见物体接收的阴影渲染到 Alpha 通道中,产生一种半透明的阴影通道图像;"阴影亮度"可调整阴影的亮度,阴影亮度随数值增大而变得越亮、越透明;"颜色"设置阴影的颜色,可通过单击旁边的颜色框选择颜色。

"反射" 决定是否设置反射贴图,系统默认为关闭。需要打开时,单击贴图旁的空白按钮指定所需贴图即可。

5. 多维/子对象材质

多维/子对象材质的神奇之处在于能分别赋予对象的子级不同的材质。例如制作一本书,其封面和封底有不同的装饰图案,而中间部分是书页,此时使用多重子物体材质对这3部分分别设置材质。"多维/子对象基本参数"对话框如图4-40所示。

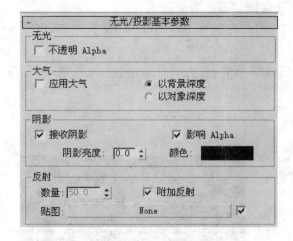
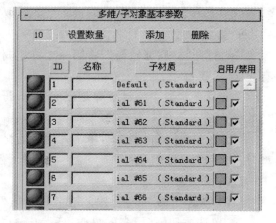

图4-39 "无光/投影基本参数"对话框　　图4-40 "多维/子对象基本参数"对话框

各部分参数的含义如下:

"设置数目"　在这里设置对象子材质的数目。系统默认的数目为10个,最多为99个。

"材质数目"　上面设置的子材质数目显示在这里。子材质数目设定后,单击下方参数区卷展栏中间的长按钮进入子材质的编辑层,对子材质进行编辑。单击按钮右边的颜色框,能够改变子材质的颜色,而最右边的小框勾选决定是否使当前子材质发生作用。

实例:创建多维/子对象材质。

(1) 给物体赋予多维材质之前必须先创建"多维材质",过程如下:

① 单击第一个样本材质球。

② 单击"材质编辑器"中的"材质类型"按钮,从弹出的"材质/贴图浏览器"对话框中双击"多维/子对象"材质,选择"多维/子对象"材质。

③ 弹出提示框,问是否"将旧材质保存为子材质",单击"确定"按钮,发现"材质编辑器"切换到"多维/子对象"材质控制状态下。

④ "材质/贴图浏览器"对话框下有预设的10个子材质,可利用"设置数量"按钮来改变子材质个数,单击它,在弹出的对话框中输入自己需要的材质个数,这里设为8。

⑤ 在名字域的下拉列表框中输入一个名字赋给多维材质,例如:D1。

⑥ 每种子材质的后面都有一个颜色框,它们是"漫反射"颜色。由于自动产生的8种材质都是标准材质,颜色可能不太合适,所以可根据自己的喜好设定它们的"漫反射"颜色。单击颜色框,弹出颜色选择框后选择一种颜色给子材质,分别设定8种子材质的"漫反射"颜色。

⑦ 将多维材质赋予视图中物体上的各个面,发现多面体上的颜色并没有差别,多维材质

的效果根本没有得到体现,这是因为没有指定多面体各面的 ID 号。

注： 物体不同部位之间必须有多个"分段",没有"分段"的面只能被赋予一种材质。ID 号是子物体与子材质之间的"连线",可以灵活地根据自己的需要为子物体设定材质。

(2) ID 号的设定：

3DS max 引入材质标识概念——ID 号,可以给多面几何体的各个面指定子材质。每一个物体可指定一个 ID 号,一个物体的不同部位也可指定一个 ID 号。

① 在视图中建立一个长方体并选择,然后打开"修改"命令面板,修改其下"参数"卷展栏,调整参数："长"为 800；"宽"为 800；"高"为 800；"长度分段"为 0；"宽度分段"为 0；"高度分段"为 8。

② 单击"修改器列表"按钮,在弹出的对话框中选择"编辑多边形"下的"多边形"编辑。

③ 选择长方体的一个面,在"多边形"编辑下的 ID 号后的文本框中输入 1,然后再选择多面体的另一个面,输入 2,依次类推,给 8 个面都确定 ID 号。当 8 个面都确定了 ID 号后,它们就与相应的子材质取得了连接。在设定 ID 号时,大家会发现每个面的 ID 号都预设为 1,所以前面没有设定 ID 号时,多面体只表现出第一种材质的颜色。

④ 在材质卷展栏下对 ID 号设置项进行一一设置,并将该材质球赋予长方体。

(3) 多维材质物体的生成与效果如图 4－41 所示。

图 4－41 多维材质的生成与效果

6. 光线跟踪材质

光线跟踪材质功能非常强大,参数区卷展栏的命令也比较多。其特点是不仅包含了标准材质的所有特点,并且能真实反映光线的反射折射。光线追踪材质尽管效果很好,但需要较长的渲染时间。图 4－42 所示为"光线跟踪基本参数"对话框。

"光线跟踪基本参数"对话框各部分的含义如下：

"着色" 可以选择光线跟踪的材质类型。

"双面" 打开此项,光线跟踪计算将在内外表面上均进行渲染。

"面贴图" 该项决定是否将材质赋予对象的所有表面。

"线框" 将对象设为线架结构。

"超级采样" 使用强烈凹凸贴图并且需要高分辨率的渲染计算时打开此项,或发现高光处有一些锯齿或毛边时设置此项,将使反射的高光特别光滑,但渲染时间会成倍增加。

"环境光" 与标准材质不同,此处的阴影色将决定光线跟踪材质吸收环境光的多少。

"漫反射" 决定物体的固有色的颜色,当反射为100%时,固有色将不起作用。

"反射" 决定物体高光反射的颜色。

"发光度" 依据自身颜色来规定发光的颜色。它与标准材质中的自发光相似。

"透明度" 光线跟踪材质通过颜色过滤表现出的颜色。黑色为完全不透明,白色为完全透明。

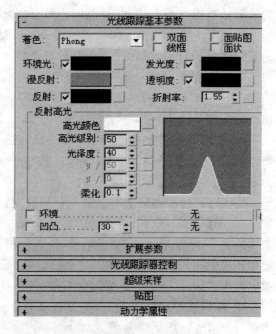

图4-42 "光线跟踪基本参数"对话框

"折射率" 决定材质折射率的强度。准确调节该数值能真实反映物体对光线折射的不同折射率。数值为1时,表示空气的折射率;数值为1.5时,表示玻璃的折射率;数值小于1时,对象沿着它的边界进行折射。

"反射高光" 决定对象反射区反射的颜色。"高光颜色"决定高光反射灯光的颜色;"高光级别"决定反射光区域的范围;"光泽度"决定反光的强度,数值在0~1 000之间;"柔化"将反光区进行柔化处理。

"环境" 不开启此项设置时,将使用场景中的环境贴图。当场景中没有设置环境贴图时,此项设置将为场景中的物体指定一个虚拟的环境贴图。

"凹凸" 打开对象的凹凸贴图。

7. 虫漆材质

虫漆材质是将两种材质进行重合,并且通过虫漆颜色对两者的混合效果做出调整。"虫漆基本参数"对话框的默认界面如图4-43所示。

"虫漆基本参数"对话框各部分参数的含义如下:

"基础材质" 单击旁边的按钮进入标准材质编辑栏。

"虫漆材质" 单击旁边的按钮进入虫漆材质编辑栏。

"虫漆颜色混合" 通过百分比控制上述两种材质的混合度。

8. 顶/底材顶

顶/底材质是将对象顶部和底部分别赋予不同材质。图4-44所示为"顶/底基本参数"对话框。

"顶/底基本参数"对话框各部分参数的含义如下:

"顶材质" 单击其右侧的按钮将直接进入"标准材质"对话框,可以对顶材质进行设置。

"底材质" 单击其右侧的按钮将直接进入"标准材质"对话框,可以对底材质进行设置。

第 4 章 材质编辑

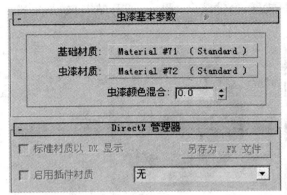

图 4-43 "虫漆基本参数"对话框

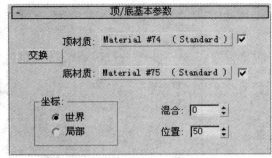

图 4-44 "顶/底基本参数"对话框

"交换" 单击此按钮可以把两种材质进行颠倒,即将顶材质置换为底材质,将底材质置换为顶材质。

"坐标" 选择坐标轴。当设定为"世界"坐标轴后,即使对象发生变化(如"旋转")时,物体的材质仍将保持不变。当设定为"局部"坐标轴时,旋转变化等将带动物体的材质一起旋转。

"混合" 决定上下材质的融合程度。数值为 0 时,不进行融合;为 100 时,将完全融合。

"位置" 决定上下材质的显示状态。数值为 0 时,显示第一种材质;为 100 时,显示第二种材质。

4.3.5 贴图类型

3DS max 中的贴图类型不包括最常用的位图,共有三十几种,每个贴图都有各自的特点,在三维制作中将经常综合运用它们,以达到最好的材质效果。所谓贴图方式是指对贴图类型(图案)的一种表达方式,简称"贴图"。

图 4-45 所示为"材质/贴图浏览器"中的"贴图"类型。

下面调出本书所附光盘中"第 4 章/场景——苹果.max",以场景中的苹果为例来介绍常用贴图类型。

位图:最常用的一种贴图类型,支持多种格式,包括 bmp、gpj、jpg、tif、tga 等图像以及 avi、flc、fli、cel 等动画文件,运用范围广,而且方便、自由。可以将需要的图像进行扫描或者在绘图软件中制作,存为图像格式后就可以通过 Bitmap(位图)引入到 3DS max 作为贴图来使用了。

图 4-45 "材质/贴图浏览器"中的贴图类型

细胞贴图:随机产生细胞、鹅卵石状的贴图效果,经常结合 Bump(凹凸贴图)贴图方式使用。图 4-46 所示为 Cellular(细胞)贴图效果。

图 4-46 细胞贴图

棋盘格贴图:赋予对象两色方格交错的棋盘格图案。图 4-47 所示为棋盘格贴图效果。

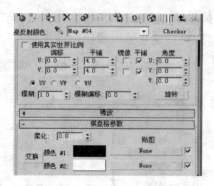

图 4-47 棋盘格贴图

合成贴图:将多个贴图叠加在一起,通过贴图的 Alpha 通道或输出值来决定透明度,最后产生叠加效果。图 4-48 所示为合成贴图效果。

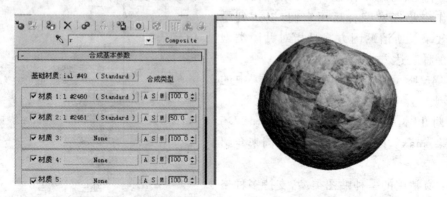

图 4-48 合成贴图

噪波贴图:常用于 Bump(凹凸贴图)。图 4-49 所示为噪波贴图效果。
衰减贴图:产生由明到暗的衰弱效果。图 4-50 所示为衰减贴图效果。

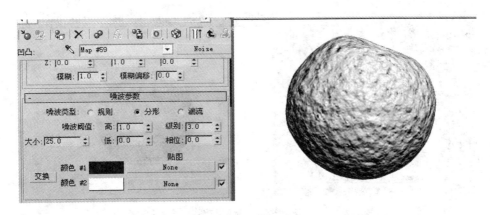

图 4-49 噪波贴图

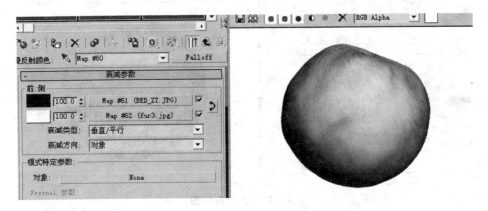

图 4-50 衰减贴图

平面镜贴图：专用于反射贴图方式，产生平面反射效果。图 4-51 所示为平面镜反射贴图效果。注意，平面镜反射贴图要赋予下面的桌面物体并调整 ID 值。

图 4-51 平面镜反射贴图

渐变贴图：设置任意 3 种颜色或贴图进行渐变处理，包括直线渐变和放射渐变两种类型。图 4-52 所示为渐变贴图效果。

大理石贴图：模仿大理石的贴图效果。图 4-53 所示为大理石贴图效果。

136　三维动画入门案例制作

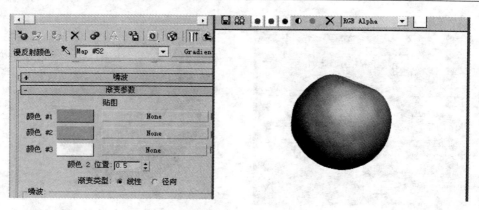

图 4-52　渐变贴图

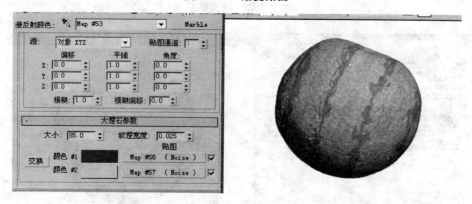

图 4-53　大理石贴图

遮罩贴图：将图像作为罩框蒙在对象表面，好象在外面盖上一层图案的薄膜，以黑白度来决定透明度。图 4-54 所示为遮罩贴图效果。

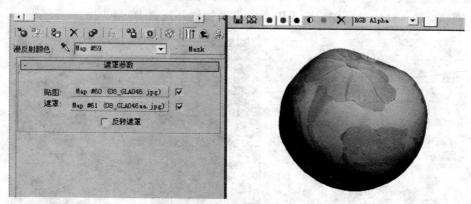

图 4-54　遮罩贴图

混合贴图：兼备合成贴图的贴图叠加功能，又具备遮罩贴图的为贴图指定罩框的能力。两个贴图之间的透明度由混合数量来决定，并且还能通过控制曲线达到目的。图 4-55 所示为混合贴图效果。

凹痕贴图：常用于 Bump（凹凸贴图），表现一种风化腐蚀的效果。图 4-56 所示为凹痕贴图效果。

第4章 材质编辑   137

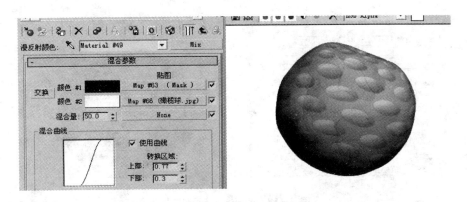

图 4-55 混合贴图

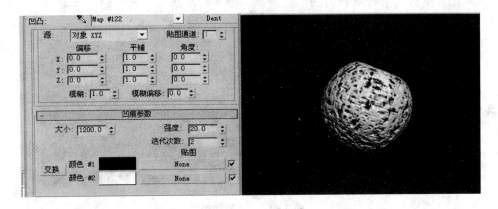

图 4-56 凹痕贴图

输出贴图：该贴图可以弥补某些无输出设置的贴图类型，可以将图像进行反转、还原、增加对比度等处理。图 4-57 所示为输出贴图效果。

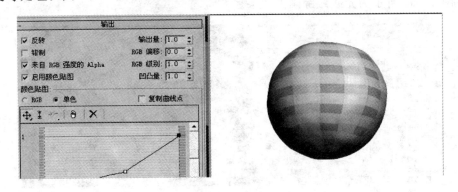

图 4-57 输出贴图

粒子年龄贴图：它与粒子运动模糊这两个贴图类型要同粒子结合使用，粒子寿命贴图可以设置3种不同的颜色或将贴图指定到粒子束上，而粒子运动模糊贴图则根据粒子运动的速度来进行模糊处理。

Perlin 大理石贴图：能制作如珍珠岩状的大理石效果贴图。图 4-58 所示为 Perlin 大理石贴图效果。

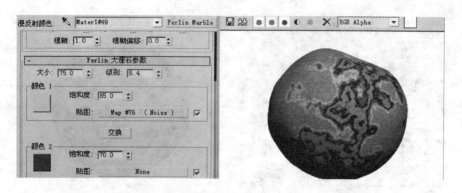

图 4-58 Perlin 大理石贴图

行星贴图：模仿类似行星表面的纹理效果。图 4-59 所示为行星贴图效果。

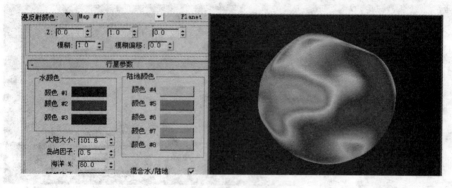

图 4-59 行星贴图

光线跟踪贴图：一种非常重要的贴图模式。光线跟踪材质包含标准材质所没有的特性，如半透明性和荧光性。它与反射贴图或折射贴图方式结合使用效果良好，但大幅度增加了渲染时间。图 4-60 所示为光线跟踪贴图效果。

图 4-60 光线跟踪贴图

反射/折射贴图：专用于反射贴图方式或折射贴图方式。其效果不如光线跟踪贴图，但渲染速度快。通常，反射/折射贴图渲染的图像效果也是不错的。图 4-61 所示为反射/折射贴图效果。

RGB 相乘贴图：该贴图配合 Bump（凹凸贴图）使用。图 4-62 所示为 RGB 相乘贴图效果。

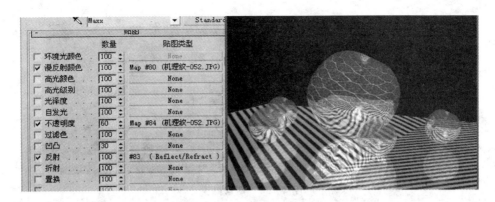

图 4-61 反射/折射贴图

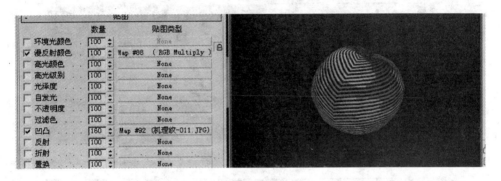

图 4-62 RGB 相乘贴图

RGB 染色贴图：为图像增加一个 RGB 染色，可以通过调节 RGB 值改变图的色调。图 4-63 所示为 RGB 染色贴图效果。

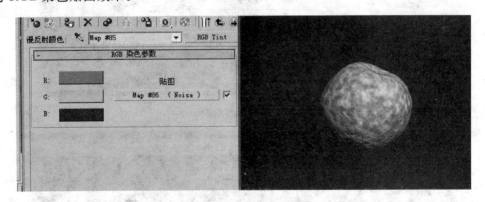

图 4-63 RGB 染色贴图

烟雾贴图：模仿无序的絮状、烟雾状图案。图 4-64 所示为烟雾贴图效果。
斑点贴图：模仿两色杂斑纹理。图 4-65 所示为斑点贴图效果。
泼溅贴图：模仿油彩飞溅的效果。图 4-66 所示为泼溅贴图效果。
灰泥贴图：配合(凹凸贴图)方式，模仿类似泥灰剥落的一种无序斑点效果。图 4-67 所示为灰泥贴图效果。

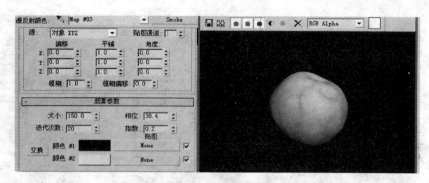

图 4-64 烟雾贴图

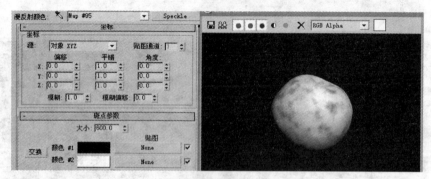

图 4-65 斑点贴图

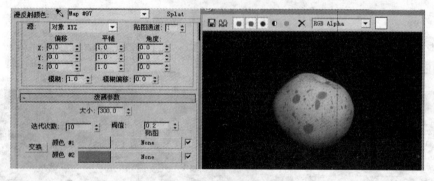

图 4-66 泼溅贴图

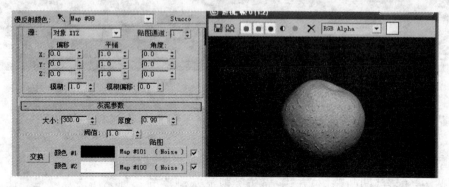

图 4-67 灰泥贴图

薄壁折射贴图：配合折射贴图方式使用，模仿透镜变形的折射效果，能制作透镜、玻璃、放大镜等。

顶点颜色贴图：将可编辑的网格物体赋予此贴图，模仿五彩斑斓的效果。

波浪贴图：常用的、强大的波浪贴图，配合 Diffuse（固有色）与 Bump（凹凸）两种贴图方式，能模仿立体水波纹。图 4-68 所示为波浪贴图效果。

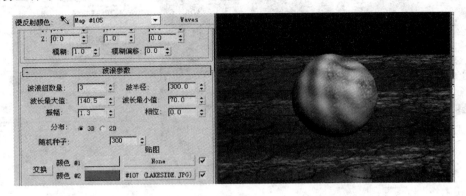

图 4-68 波浪贴图

木材贴图：模仿三维的木纹纹理。图 4-69 所示为木材贴图效果。

图 4-69 木材贴图

4.4　材质编辑综合实例

打开本书所附光盘提供的"第 4 章/场景 3.max"文件。这是一个灯光和摄像机都已调好的场景，渲染结果如图 4-70 所示。

第一步：利用多维子材质制作茶几。

（1）在场景中选择茶几，在赋材质之前先给茶几指定 ID 号。一个物体可以设置多个 ID 号，而一个 ID 号可以设置一种材质，这样茶几就可以拥有多种材质或贴图。进入"修改"命令面板，在"修改器"中切换到"可编辑网格"，并选择"多边形"子对象层级，如图 4-71 所示。

（2）在场景中选择如图 4-72 所示的部位并设置不同的 ID 值。

（3）打开"材质编辑器"对话框，选择一个空白材质球赋给茶几。单击 Standard 按钮，在弹出的"材质/贴图浏览器"对话框中选择"多维/子对象"材质，然后单击"确定"按钮，如图 4-73 所示。

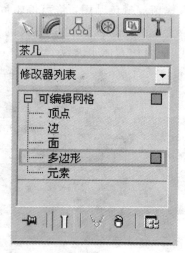

图 4-70 "场景 3"渲染效果 　　　　　图 4-71 编辑多边形

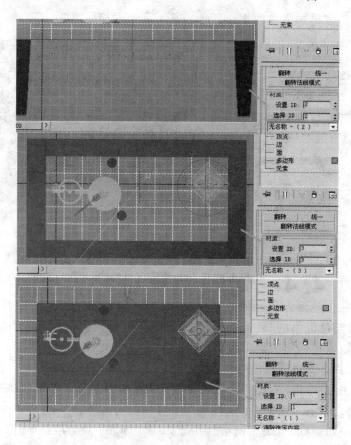

图 4-72 设置 ID 值

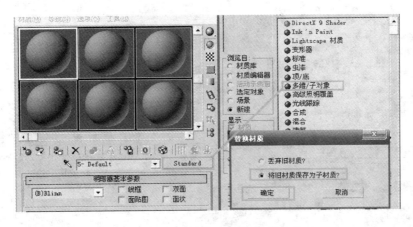

图 4-73 设置"多维/子对象"材质

（4）在"多维/子对象基本参数"卷展栏中，单击"设置数量"按钮，在弹出的文本框中把"材质数量"改为 3，单击"确定"按钮，这时子材质还剩 3 个，把这 3 个子材质后面的色块设定为不同的颜色，这样在场景中容易区别，如图 4-74 所示。

（5）为 ID1 设置一个玻璃材质。单击 ID1 后的"材质通道"按钮，进入"材质编辑器"对话框，打开"Blinn 基本参数"卷展栏，设置其参数如图 4-75 所示。读者可根据需要设置不同的"漫反射"的值。

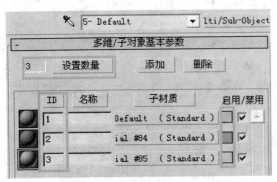

图 4-74 "多维/子对象"材质数量设置

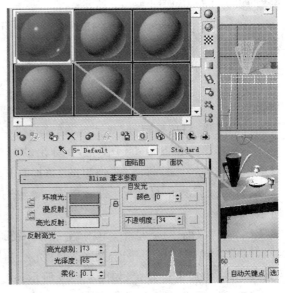

图 4-75 ID1 设置为玻璃材质

（6）为 ID2 设置一个棋盘格材质。单击 ID2 后的"材质通道"按钮，进入"材质编辑器"对话框，打开"Blinn 基本参数"卷展栏，单击"漫反射"的"贴图通道"按钮，在弹出的"材质/贴图浏览器"对话框中选择"棋盘格"贴图，在"棋盘格参数"卷展栏中选择"颜色#1"贴图，在弹出的"文件浏览器"中添加本书所附光盘提供的"材质（第 4 章附带内容）/杉木-4.jpg"文件，如图 4-76 所示。

（7）为 ID3 设置一个杉木材质。单击 ID3 后面的"材质通道"按钮，进入"材质编辑器"对

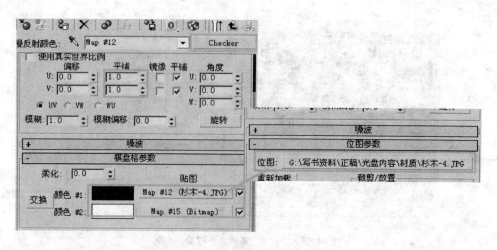

图 4-76 ID2 设置为棋盘格材质

话框,打开"Blinn 基本参数"卷展栏,单击"漫反射"的"贴图通道"按钮,在弹出的"材质/贴图浏览器"对话框中选择"位图"贴图,在弹出的"文件浏览器"中添加本书所附光盘提供的"材质(第 4 章附带内容)/杉木-4.jpg"文件。

(8) 打开"修改编辑器",在"修改器列表"中选择"UVW 贴图",在下面的参数栏中选择"长方体",将"长度"、"宽度"、"高度"均设为 1 000,如图 4-77 所示。

(9) 在场景中只选择茶几,在渲染类型中选择选定对象并渲染,如图 4-78 所示。

第二步:利用双面材质制作杯子组合材质。

(1) 在场景中选择盘子 1、茶杯 1、盘子 2、茶杯 2、盘子 3、茶杯 3。

(2) 打开"材质编辑器"对话框,选择一个空白材质球赋给以上 6 个物体。单击 Standard 按钮,在弹出的"材质/贴图浏览器"对话框中选择"双面"材质,在弹出的"替换材质"对话框中,选择"将旧材质保存为子材质?",然后单击"确定"按钮,如图 4-79 所示。

(3) 在"双面"材质球中,单击"正面材质"通道按钮,进入其基本材质层,单击 Standard 按钮,选择"光线追踪"材质,然后对"光线追踪"材质进行设置,如图 4-80 所示。

(4) 接着制作杯子的内部材质。单击"转到父对象"按钮,返回"双面"材质层,将"正面"材质直接拖给"背面"材质,在弹出的对话框中选择"复制",然后单击"确定"按钮,进入"背面"材质,并对其进行设置,如图 4-81 所示。

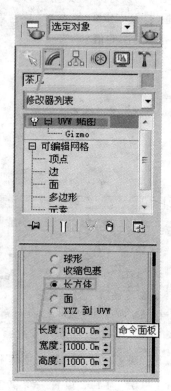

图 4-77 设置"UVW 贴图"

(5) 在场景中只选择盘子 1、茶杯 1、盘子 2、茶杯 2、盘子 3、茶杯 3,在渲染类型中选择选定对象并渲染。其效果如图 4-82 所示。

第 4 章 材质编辑

图 4-78 渲染效果

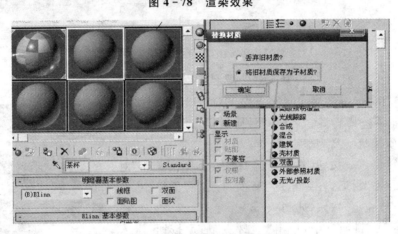

图 4-79 设置"双面"材质

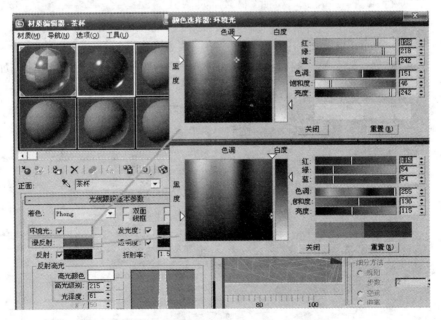

图 4-80 设置"正面"材质为"光线追踪"材质

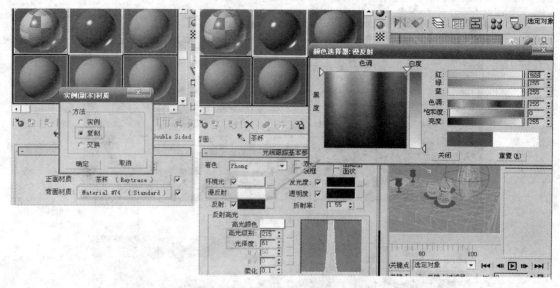

图 4-81 复制并设置"背面"材质

第三步：利用"顶/底"材质制作高脚壶的材质。

(1) 在场景中选择高脚壶，打开"材质编辑器"对话框，选择一个空白材质球赋给高脚壶。

(2) 单击 Standard 按钮，在弹出的"材质/贴图浏览器"对话框中选择"顶/底"材质，在弹出的"替换材质"对话框中，选择第二项后单击"确定"按钮，如图 4-83 所示。

(3) 在"顶/底"材质球中，单击"顶材质"通道按钮，进入其基本材质层进行设置，并勾选"双面"材质，如图 4-84 所示。

(4) 在下方的"贴图"卷展栏中单击"反射贴图类型"按钮，将"反射数量"调为 35，在弹出的"材质/贴图浏览器"中选择"反射/折射"贴图，如图 4-85 所示。

图 4-82 双面材质渲染效果

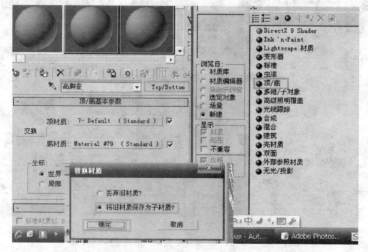

图 4-83 设置"顶/底"材质

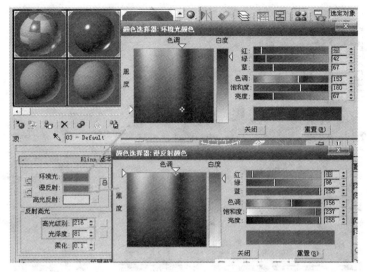

图 4-84 设置"顶材质"

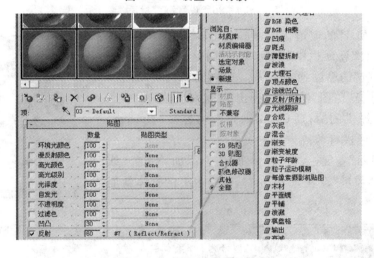

图 4-85 "反射/折射"贴图

(5) 在"顶/底"材质球中,单击"底材质"通道按钮,进入其基本材质层进行设置,并勾选"双面"材质,如图 4-86 所示。

(6) 在下方的"贴图"卷展栏中单击"反射贴图类型"按钮,将"反射数量"调为 35,在弹出的"材质/贴图浏览器"中选择"反射/折射"贴图。

(7) 进入上一层级,在"顶/底"基本参数中将"混合"设为 50。

(8) 材质设置完并渲染,效果如图 4-87 所示。

第四步：利用混合材质制作水面的材质。

(1) 选择场景中的水面物体,打开"材质编辑器"对话框,选择一个空白材质球赋给水面物体。单击 Standard 按钮,在弹出的"材质/贴图浏览器"对话框中选择"混合"材质,在弹出的"替换材质"对话框中,选择第二项后单击"确定"按钮,如图 4-88 所示。

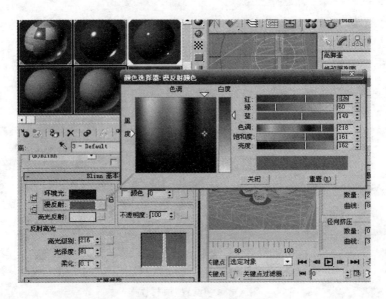

图 4-86 设置"底"材质

(2) 单击"材质1"的通道按钮,进入其基本材质中,然后对"Blinn 基本参数"卷展栏中的参数进行调整。如图 4-89 所示,单击"漫反射"的贴图通道按钮,在弹出的"材质贴图浏览器"对话框中选择"位图"贴图,在弹出的"文件浏览器"中添加本书所附光盘提供的"材质(第 4 章附带内容)/Lakerem.jpg"文件,并对图像进行剪裁。

(3) 打开"贴图"卷展栏,在"折射"通道上添加一张"光线跟踪"贴图,将其"数量"设置为 10 左右,这样水下的物体就能产生折射效果。

图 4-87 "顶/底"材质渲染效果

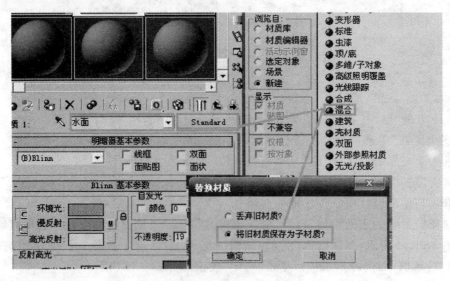

图 4-88 设置"混合"材质

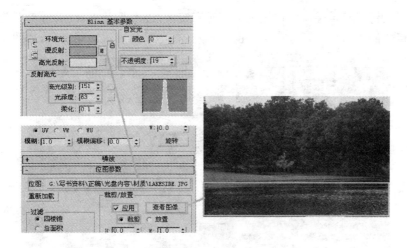

图 4-89 剪裁图片

(4) 返回"贴图"卷展栏, 在"凹凸"通道上添加一张"噪波"贴图, 并对其进行设置, 这一层属于大波浪区域; 同时在其"颜色♯1"通道上添加一张"噪波"贴图, 并对其进行设置, 这是用来模拟细碎的波纹, 这样水面的起伏变化就会丰富起来; 然后将"凹凸"通道的值设置为 30, 如图 4-90 所示。

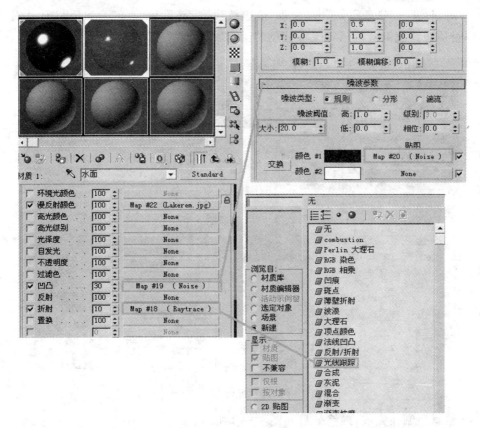

图 4-90 设置"噪波"贴图

（5）返回到"混合"材质层，单击"颜色♯2"通道按钮，进入其基本材质，并对其进行设置。这一层材质主要用于制作蓝色的反光效果，在这个场景中背景色设置为淡蓝色，如图4-91所示。

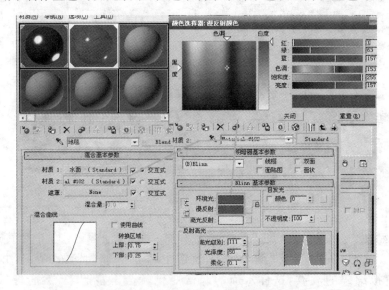

图4-91 设置"混合"贴图

（6）返回到"混合"材质层，单击"遮罩"通道按钮，为其添加一张"衰减"贴图，并对其进行设置，这样材质边缘就混合出了一层淡蓝色的反光效果，如图4-92所示。

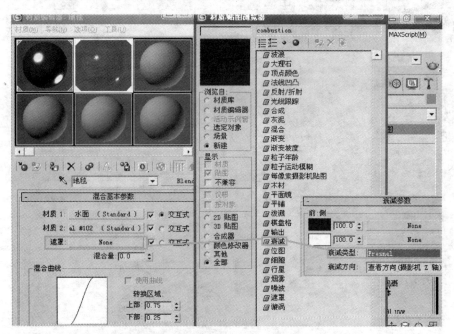

图4-92 为"混合"添加遮罩

（7）场景材质制作完成，最终效果如图4-93所示。

第五步：为场景中制作树的材质。

（1）在场景前视图中创建一个平面，其参数设置："长"为5 500；"宽"为4 000；"长度分段"

图 4-93 水面渲染效果

为 1,"宽度分段"为 1。

(2) 打开"材质编辑器"对话框,选择一个空白材质球赋给平面。打开"贴图"卷展栏,在漫反射颜色中选择"贴图",在弹出的"文件浏览器"中添加本书所附光盘提供的"材质(第 4 章附带内容)/Tree-1.jpg"文件。

(3) 回到上一层级,在"贴图"卷展栏的"不透明"颜色中选择"贴图",在弹出的"文件浏览器"中添加本书所附光盘提供的"材质(第 4 章附带内容)/TREE-1A.jpg"文件。这是一张黑白贴图,黑白效果过滤,黑色表示过滤,白色表示保留。

(4) 在"明暗器基本参数"卷展栏中,勾选"双面"。

(5) 在场景中对平面物体进行旋转。在工具菜单中打开"阵列",在"阵列"对话框中将 Z 轴旋转 60°,"数量"设为 3,然后单击"确定"按钮。这样制作的树看起来会更立体。

(6) 场景材质制作完成的最终效果如图 4-94 所示。

第六步:为场景中制作树丛的材质。

(1) 在场景前视图中创建一个平面,并将该平面放置在场景的后端充当一个背景面(读者可根据需求设置其参数)。

(2) 打开"材质编辑器"对话框,选择一个空白材质球赋给平面。打开"贴图"卷展栏,在漫反射颜色中选择"贴图",在弹出的"文件浏览器"中添加本书所附光盘提供的"材质(第 4 章附带内容)/LAKESIDE.jpg"文件。

(3) 回到上一层级,在"贴图"卷展栏的"不透明"颜色中选择"贴图",在弹出的"文件浏览器"中添加本书所附光盘提供的"材质(第 4 章附带内容)/arbre2.jpg"文件。这是一张黑白贴图,黑白效果过滤,黑色表示过滤,白色表示保留。

(4) 在"明暗器基本参数"卷展栏中,勾选"双面"。

图 4-94 树贴图效果

(5) 在场景中对平面物体进行拷贝并旋转 90°。这样的树丛看起来会更立体。

(6) 场景材质制作完成,最终效果如图 4-95 所示。

图 4-95 树丛效果

第七步:利用合成材质制作地面泥土材质。

(1) 在场景中选择地面,打开"材质编辑器"对话框,选择一个空白材质球赋给地面。单击 Standard 按钮,在弹出的"材质/贴图浏览器"对话框中选择"合成"材质,在弹出的"替换材质"对话框中选择第二项后单击"确定"按钮,如图 4-96 所示。

(2) 打开"贴图"卷展栏,在"漫反射"颜色中选择"贴图",在弹出的"文件浏览器"中添加本书所附光盘提供的"材质(第 4 章附带内容)/GRND05T.jpg"文件。

第4章 材质编辑   153

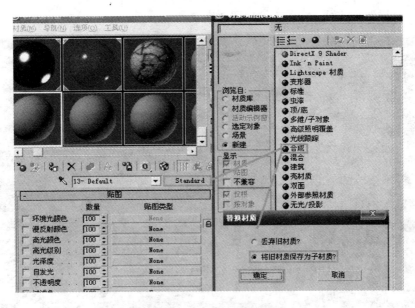

图4-96 设置"合成"材质

（3）回到上一层级，在"贴图"卷展栏的"凹凸"贴图颜色中选择"贴图"，在弹出的"材质/贴图浏览器"对话框中选择"噪波"贴图，将"凹凸"贴图"数量"设为50，如图4-97所示。

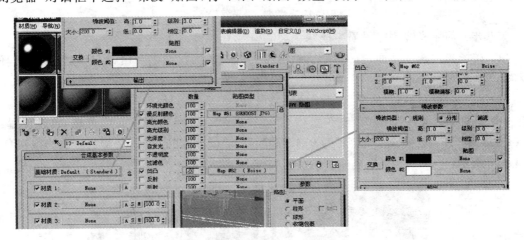

图4-97 设置"噪波"贴图

（4）回到上一层级给材质1，选择一个标准材质。在标准材质贴图的"凹凸"贴图中选择本书所附光盘提供的"材质（第4章附带内容）/grnd07b.jpg"文件。将"凹凸"贴图"数量"设为150。将"漫反射"颜色设：红为180；绿为155；蓝为110；"色调"为27；"饱和度"为100；"亮度"为180。

（5）回到上一层级给材质2，选择一个标准材质。在标准材质贴图的"凹凸"贴图中选择本书所附光盘提供的"材质（第4章附带内容）/B004ROPB.jpg"文件。将"凹凸"贴图"数量"设为400。将"漫反射"颜色设：红为130；绿为100；蓝为75；"色调"为22；"饱和度"为105；"亮度"为130。

（6）回到上一层级，将材质1、材质2后的"混合"数量均设为50。

(7) 场景材质制作完成,最终效果如图4-98所示。

图4-98 渲染效果

第八步:使用光线跟踪材质生成绿色玻璃。

(1) 在场景中选择地面,打开"材质编辑器"对话框,选择一个空白材质球赋给碗、酒杯1、酒杯2。单击Standard按钮,在弹出的"材质/贴图浏览器"对话框中选择"光线跟踪"材质。

(2) 在"材质编辑器"中,将"漫反射"颜色设置:红为35;绿为70;蓝为55;"色调"为110;"饱和度"为125;"亮度"为70。在视口中,瓶子变为绿色。单击"透明度"色样,通过设置:红为119;绿为119;蓝为119;"色调"为0;"饱和度"为0;"亮度"为119,将颜色更改为浅灰色,如图4-99所示。

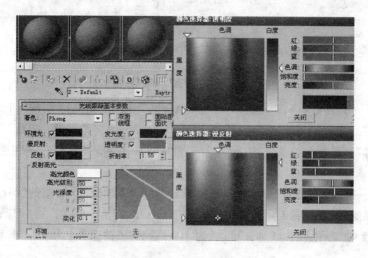

图4-99 "漫反射"设置

(3) 将"反射"色样设置：红为 100；绿为 100；蓝为 100；"色调"为 0；"饱和度"为 0；"亮度"为 100，然后关闭"颜色选择器"对话框。

下面介绍场景中的光线跟踪反射：

有几种方法可以使对象看起来具有反射性。根据对象颜色的主要来源以及希望获得的质量，选择一种创建反射的方法。对于主要由反射获得颜色的对象（如磨光的金属或玻璃），可能需要使用光线跟踪材质。如果对象将浓烈的局部颜色或纹理作为其材质的一部分，则可能需要将反射贴图添加至"反射"贴图成分中。

(4) 在"贴图"卷展栏上，单击"透明"贴图成分中的"贴图类型"按钮，选择本书所附光盘提供的"材质（第4章附带内容）/08—GLA046aa.jpg"文件。

(5) 单击"转到父级"，然后在"贴图"卷展栏上单击"反射"贴图成分中的"贴图类型"按钮，选择"光线跟踪"贴图类型。在这种情况下，只将光线跟踪添加到"反射"成分中。

(6) 单击"转到父级"，然后在"贴图"卷展栏上将"漫反射""颜色"值设置为 90。

(7) 场景材质制作完成，最终效果如图 4-100 所示。

图 4-100　花纹绿玻璃效果

思考与练习

(1) 如何取消某个贴图通道的贴图效果？

(2) 练习调整三维贴图在对象上的位置。

(3) 尝试给一个对象的两面赋上不同的材质。

第 5 章 灯 光

5.1 灯光属性

在学习 3DS max 的过程中,人们往往沉浸于创建三维造型及制作华丽的材质或动画中,而忽视了灯光环境与摄像机,结果发现自己精心设计的对象一经放入场景总是不如人意。上述情况显然忽视了三维环境的光,最直接的后果是造型失真或物体间的边界格格不入。相反,良好的照明环境与镜头特效不仅增加了场景的真实感和生动感,而且可能在减少建模、贴图工作量的同时使人有身临其境之感。

在三维动画创作中,恰如其分的灯光能使三维动画作品如虎添翼。在三维空间中,所有的三维物体在最后的渲染时都需要借助灯光来表现。同样的场景、同样的物体,如果灯光的强度、角度及光源的位置不同,则渲染后最终成品的效果也会有很大的不同。在 3DS max 中,通过使用数字光源,可以模拟出自然界中的阳光、灯光、烛光等。3DS max 系统在默认状态下已提供了两盏泛光灯,分别放置在场景对角线上,然而它们只发生作用而不显示出来,因此无法编辑、修改。一般情况下,默认的两盏泛光灯能起到照明作用,但明显缺乏表现力。若不想采用,只需在场景中创建自己的照明灯光即可,这时 3DS max 将自动关闭两盏默认的泛光灯。当场景中所有的光源都被删除时,两盏默认的泛光灯又会重新发挥作用,使物体总处于可见状态。

下面介绍 3DS max 中的灯光类型。3DS max 中提供的灯光类型分"标准"和"光度学"两大类。

1. "标准"类型

如图 5-1 所示,"标准"类型包括目标聚光灯、自由聚光灯、目标平行光、自由平行光、泛光灯、天光、区域泛光灯和区域聚光灯。不同的灯,有不同的用途。

1) 目标聚光灯

目标聚光灯一般用来模拟人工光灯,如汽车光灯、舞台上的灯光。它产生圆锥体或矩形锥体的照射区,在照射区域以外的物体不受影响。其光照范围及灯柱形状如图 5-2 所示。

2) 目标平行光

目标平行光是一种模拟太阳光的平行光柱,当光线投射到物体上时,阴影的角度就是照射到物体的光线与此面所成的角度。它的用途不多,除了做平行物体的阴影效果外,就是被用来做成激光柱。目标平行灯产生圆柱形或方柱形的照射区域,在照射区域以外的物体不受影响。其光照范围如图 5-3 所示。

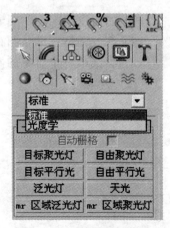

图 5-1 "标准"灯光类型

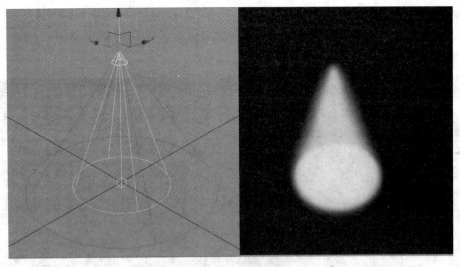

图 5-2 目标聚光灯

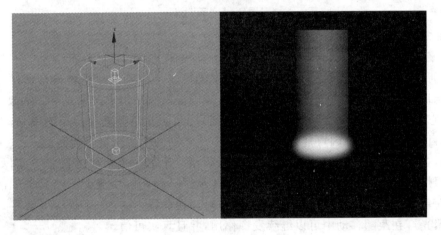

图 5-3 目标平行光

3) 泛光灯

泛光灯一般用来模拟点光源,如灯泡及散射光等,用途比较广泛。它采用球状发光方式,空间中所有面对它的物体均被照亮。其光照范围如图 5-4 所示。

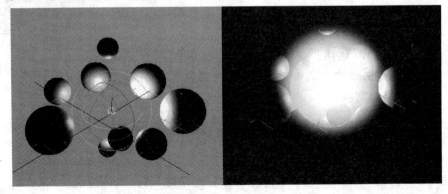

图 5-4 泛光灯

4) 天 光

天光是阳光经空气折射后的光照效果,空间中所有的物体均被照亮,并自动产生模糊效果。其光照范围如图5-5所示。

图5-5 天 光

5) 自由聚光灯

自由聚光灯通常用于动画灯光中,链接在运动物体上跟随物体一起运动。它包含了目标聚光灯的所有性能,但没有目标点。创建自由聚光灯时不像创建目标聚光灯那样先确定光源点,再确定目标点,而是直接创建一个带有照射范围但没有照射点的聚光灯。如果希望自由聚光灯对准它的目标对象,那么只能通过旋转达到目的,因此稍显繁琐。一般说来,选择自由聚光灯而非目标聚光灯的原因可能是个人的爱好,或是动画中特殊灯光的需要。

例如,在运用动画灯光时,有时需要保持灯源相对于另一个对象的位置不变,如汽车的车前灯、探照灯和矿工的头灯是典型的例子。上述情况下使用自由聚光灯将是聪明的选择。原因在于,简单地把自由聚光灯链接到对象上,当对象在场景中移动时,自由聚光灯在跟随移动中可以继续发挥作用,并且真实可信。

2. "光度学"灯光类型

如图5-6所示,"光度学"灯光是一种基于物理算法的灯光类型,它与场景的大小、物体的尺寸有关,可表示真实实景中的灯光,如荧光灯、霓虹灯等。现实世界中的光线都具有辐射和传导性质,那是因为在三维场景中进行光能传递非常费时,而3DS max主要面向动画而非静止制作,则应把速度放到第一位,因此3DS max灯光都不具有光能传递属性。通常,制作细致项目方才使用具有光线追踪、光能传递的高级光照。

图5-6 "光度学"灯光类型

5.2 "标准"灯光

"标准"灯光包括8种不同的基本灯光对象:泛光灯、目标聚光灯、自由聚光灯、目标平行光、天光、区域泛光灯和区域聚光灯。在3DS max的基本照明类型之中,除了天光之外,所有不同的灯光对象都共享一套控制参数。它们控制着灯光的最基本特性,包括"常规参数","强度/颜色/衰减"、"高级效果"和"阴影参数"和"阴影贴图参数"等。

5.2.1 基本参数

1. "常规参数"卷展栏

"常规参数"控制灯光、阴影的开关以及灯光的排除设置,如图5-7所示。

各功能讲解如下:

(1) 启　用　光源的开关选项。只有该选项被勾选时,灯光效果才能被应用到场景中。

(2) "阴影"选项组　控制灯光是否在对象上产生阴影,是否使用灯光的全局设置,是使用"阴影贴图"方式还是"光线跟踪阴影"等方式进行投射,如图5-8所示。

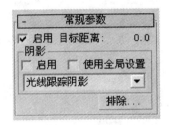

图5-7　"常规参数"卷展栏

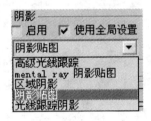

图5-8　"阴影"选项组

(3) 排　除　单击此按钮会弹出"排除/包含"对话框,如图5-9所示。该对话框可设置指定物体不受灯光的照射影响。

2. "强度/颜色/衰减"卷展栏

"强度/颜色/衰减"参数控制灯光的强度、颜色以及衰减,如图5-10所示。

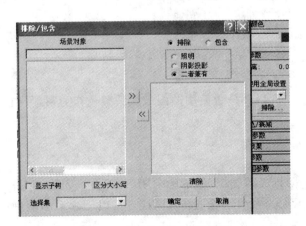

图5-9　"排除/包含"对话框

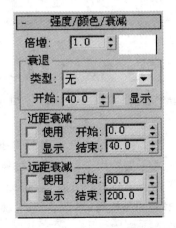

图5-10　"强度/颜色/衰减"卷展栏

各功能讲解如下：

(1) 倍　增　对灯光的强度进行倍增控制，若加大数值，则增加光的强度；若设为负值，将产生吸收光线的作用。单击后面的色样可以打开颜色选择器，用于设置灯光的颜色。

(2) 衰　退　实施远处灯光强度减小的另一种办法，其类型如图 5-11 所示。

① 类型："无"不产生剧烈衰减；"倒数"以反方向方式计算剧烈衰减；"平方反比"是模拟真实世界中灯光的衰减，但却使场景边过于黑暗。

图 5-11　衰退类型

② 开始：定义灯光不发生衰减的范围。

③ 显示：是否打开衰减的范围线框。

(3) 近距衰减：

① 使　用　用来决定被选择的灯光是否使用被指定的衰减范围。

② 显　示　勾选此项，在灯光的周围会出现代表灯光衰减开始和结束的圆圈。

③ 开　始　设置灯光开始淡入的距离。

④ 结　束　设置灯光达到其全值的距离。

(4) 远距衰减：

① 开　始　设置灯光开始淡入的距离。

② 结　束　设置灯光减为 0 的距离。

3. "高级效果"卷展栏

"高级效果"卷展栏中的参数用于设置灯光照射到对象后灯光的反射、对比度和投影贴图等，如图 5-12 所示。其中"影响曲面"选项组的选项如下：

(1) 对比度　调整曲面的漫反射区域和环境光区域之间的对比度。

(2) 柔化漫反射边　增加该值，可以柔化曲面的漫反射部分与环境光部分之间的边缘，这样有助于消除在某些情况下曲面上出现的边缘。

(3) 漫反射　启用此选项后，灯光将影响对象曲面的漫反射属性。

(4) 高光反射　启用此选项后，灯光将影响对象曲面的高光属性。

(5) 仅环境光　启用此选项后，灯光仅影响照明的环境光属性。

4. "阴影参数"卷展栏

"阴影参数"卷展栏用于控制阴影的颜色、浓度以及是否使用贴图来代替颜色作为阴影，如图 5-13 所示。各选项如下：

(1) 颜　色　用于设置阴影的颜色。

(2) 密　度　用于调整阴影的密度。

(3) 贴　图　使用此选项，可以对对象的阴影投射图像，但不影响阴影以外的区域。在处理透明对象的阴影时，可以将透明对象的贴图作为投射图像投射到阴影中，以创建更多的细节，使阴影更真实。

(4) 灯光影响阴影颜色　启用此选项后，将灯光颜色与阴影颜色（如果阴影已设置贴图）混合起来。

(5) 大气阴影　可以让大气效果投射阴影。

(6) 启　用　选择此选项后,大气效果如灯光穿过一样投射阴影。
(7) 不透明度　调整阴影的不透明度。
(8) 颜色量　调整大气颜色与阴影颜色混合的量。

图 5-12　"高级效果"卷展栏

图 5-13　"阴影参数"卷展栏

5. "阴影贴图参数"卷展栏

"阴影贴图参数"卷展栏参数主要针对阴影的大小、采样范围、贴图的偏移等参数进行控制,如图 5-14 所示。各选项如下:

(1) 偏　移　面向或背离阴影投射对象移动阴影。
(2) 大　小　设置用于计算灯光的阴影贴图的大小(以像素平方为单位)。
(3) 采样范围　设置阴影中边缘区域的模糊程度,数值越高,阴影边界越模糊。

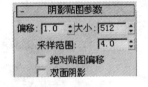
图 5-14　"阴影贴图参数"卷展栏

(4) 绝对贴图偏移　启用此选项后,阴影贴图的偏移未标准化,但是该偏移在固定比例的基础上以 3DS max 为单位表示。
(5) 双面阴影　启用此选项后,计算阴影时,对背面部分的阴影将不被忽略。

5.2.2　点光源——创建泛光灯灯光

泛光灯是指按 360°球面向外照射的点光源。它是 3DS max 场景中用得最多的灯之一。3DS max 系统内部默认设置了一前一后两盏泛光灯作为场景照明使用。当在场景中设置自己的灯光时,这两盏泛光灯会自动关闭,因而当在场景中设置第一盏泛光灯时,会发现整个场景变暗了,不过随着灯数的增加,场景会慢慢亮起来。

1. 泛光灯的建立

泛光灯的建立过程很简单,运用工具栏图标或命令面板均可。下面以一个泥塑马模型为例进行创建。其步骤如下:

(1) 调出配套光盘中的"第 5 章\泥塑马.max"文件并打开。在该场景中,摄像机、材质都已调好,如图 5-15 所示。

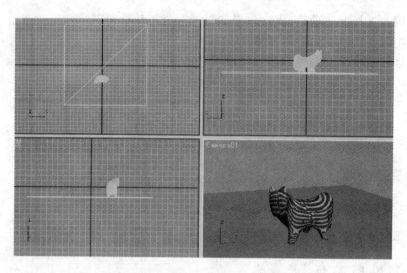

图 5-15 "泥塑马"场景文件渲染效果

（2）对视图的视角及大小进行适量的调整。

（3）单击创建命令面板的"创建灯光"按钮，并单击"泛光灯"，在泥塑马的前面和头部各放置一个泛光灯（"泛光灯 01"和"泛光灯 02"），即设置了两盏泛光灯，如图 5-16 所示。

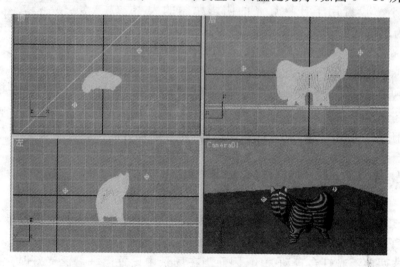

图 5-16 设置泛光灯

（4）使用默认参数渲染，效果如图 5-17 所示。

2. 泛光灯的位置调整

灯光（源）必须放置在场景中适当的位置上，才能发挥出其特有的效果，因而灯光通常在创建后需要进行移动操作。下面仍以泥塑马为例介绍泛光灯的位置调整。其步骤如下：

（1）在工具栏中单击"选择并移动"图标，然后确定一个移动区间（X、Y、Z 轴方向），在顶视图中移动"泛光灯 01"观察泥塑马的光感变化。

（2）在前视图中选择"泛光灯 02"，单击"对齐"按钮不放并向下拖动，在图 5-18 所示的按钮中选择"放置高光"图标，然后在泥塑马的臀部处单击，则左边的泛光灯自动移到相应的位置,在泥塑马的臀部产生一个亮点。

图 5-17 渲染效果

图 5-18 放置泛光灯的高光

5.2.3 创建一盏目标聚光灯灯光

目标聚光灯是指按照一定锥体角度投射光线的点光源。目标聚光灯相对泛光灯来说就像为灯泡加上了一个灯罩,并且增加了投射目标的控制。目标聚光灯和泛光灯是 3DS max 中效果最明显,用途最多,也是最重要的两个光源。

聚光灯又分为目标聚光灯和自由聚光灯。它们的强大功能使得其成为 3DS max 环境中基本但十分重要的照明工具。与泛光灯不同,它们的方向是可以控制的,而且照射形状可以是圆形或长方形。

下面通过实例讲解"目标聚光灯"的用法:

(1) 打开配套光盘提供的"第 5 章\泥塑马.max"文件。该场景是一个材质、摄像机、灯光都调好的场景文件,如图 5-19 所示。

(2) 单击"创建"命令面板中的"灯光"按钮并选择下方的"目标聚光灯",如图 5-20 所示。

(3) 在左视图右上方单击确定聚光灯源的位置,拖动鼠标在适当位置再次单击确定目标点,创建一盏"目标聚光灯"。调整"目标聚光灯"的位置如图 5-21 所示。

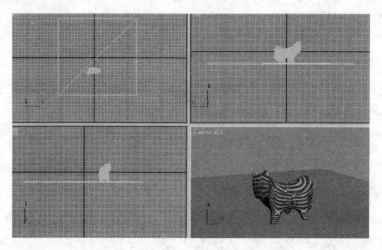

图 5-19 "泥塑马"场景文件渲染效果

(4) 在修改器中修改灯光参数,在灯光类型中可进行三大类灯光切换,如图 5-22 所示。其中左侧为灯光的开关,将开关关闭时灯光不会发出任何光源;下方为阴影设置,当打开阴影设置时,物体下方会出现阴影。

(5) 启用"常规参数"卷展栏中的阴影,此时渲染效果如图 5-23 所示。可以看到,亮部和暗部的分界线明显而生硬,而且场景亮度也不够。

(6) 阴影贴图产生的阴影是从聚光灯光源的方向投影的一个位图。这种方法产生的阴影速度快,需要较多的内存和较短的渲染时间,并且阴影的边缘模糊,很不细致。虽然光线追踪生成阴影速度慢,但能够生成精确的阴影区域和清晰的边界,几乎总是与投射它们的对象吻合,并且光线追踪能够对透明物体产生准确的阴影,如图 5-24 所示。

图 5-20 "标准"灯光类型

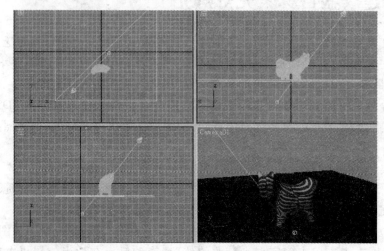

图 5-21 设置目标聚光灯

（7）将聚光灯的"强度/颜色/衰减"对话框中的"倍增"（用来调整灯光亮度）调为1.5，后面的色块是灯光颜色选择器，这里选择紫色，并将"聚光灯参数"对话框中的"矩形"激活，其效果如图5-25所示。

（8）将聚光灯的"强度/颜色/衰减"对话框中的灯光颜色选择器选择为白色，并将"聚光灯参数"卷展栏中的"圆"激活；再将"聚光灯参数"对话框中的参数进行设置："聚光区/光束"用来控制正中心的光束，设为41，"衰减区光域/光域"用来调节四周光线扩散由强减弱，设为106.3，并渲染得到较为真实的光，如图5-26所示。

（9）进一步对聚光灯的"强度/颜色/衰减"对话框中的衰减进行设置。勾选打开"近距衰减"，表示光源从起始指数开始加强，加强到结束为最强；勾选打开"远距衰减"，表示从此数值开始减弱到结束的位置光源衰减到无，如图5-27所示。

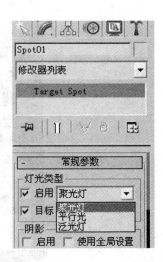

图5-22 设置"常规参数"

图5-23 阴影效果

图5-24 光线追踪生成阴影效果

图 5-25 设置聚光灯参数渲染效果

图 5-26 设置"聚光区/光束"效果

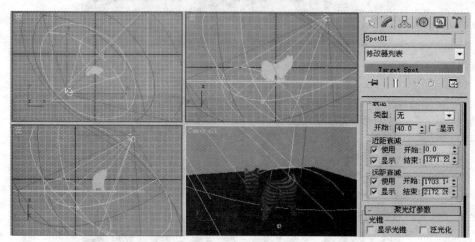

图 5-27 衰减设置

(10) 衰减渲染效果如图 5-28 所示。

(11) 此时看上去物体的阴影太黑,可以通过调整"阴影参数"对话框中"颜色"和"密度"数值来解决这个问题。这里将"密度"数值降为 0.8。其设置及渲染效果如图 5-29 所示。

(12) 在"高级效果"对话框的"投影贴图"中勾选"贴图"选项,并在后面贴图通道中选择材

图 5-28 衰减设置效果

图 5-29 设置阴影参数及渲染效果

质编辑器中的"位图",打开"材质(第 4 章附带内容)\016.jpg"文件,渲染得到贴图灯光,如图 5-30 所示。

(13) 取消"投影贴图"。在"阴影参数"对话框中可进行阴影贴图,勾选"贴图"选项并在后面贴图通道中选择材质编辑器中的"位图",打开"光盘内容\材质\016.jpg"文件。如图 5-31 所示,渲染的阴影已经被贴图影响。

图 5-30 投影贴图效果

图 5-31 "阴影参数"设置效果

5.2.4 创建平行灯灯光

自然光是每天都能见到的光,包括太阳光和月光。即使是最有经验的动画设计者,在其设计中见不到自然光也很正常。这是因为透过玻璃窗的阳光、蓝天下闪耀的阳光或简单的直射阳光虽然在 3DS max 中可以模拟,但模拟直射太阳光仍是一种挑战。最好使用 Target Direct (目标平行光灯)充当太阳光。虽然自然界的太阳光并不是平行光源,但在地球上可把太阳光看作平行光。一般使用泛光灯作辅助光源。这是因为模拟的太阳光是十分明亮的,如果大量的光线被各种表面反射出去,场景便会失真。在创建模拟太阳光源的对象时,不要忽视季节、时间等问题。例如随季节变化,太阳光的颜色也会不同;随一天早晚的变化,太阳光的强弱也会变化。太阳在中午左右是最明亮的,然而在傍晚和黎明却变为橙红色。在三维场景中,要想模仿这种效果,只需改变太阳光源的强度或颜色即可。月光在自然界中是具有神秘色彩的光源,一般说来,为了避免强烈的直射,使用"泛光灯"模拟夜晚皎洁的月光。月光的所有属性与太阳光近似,两者主要区别在于光源的类型、颜色和强度。当场景模拟月光光源照射时,并不意味着不能出现投影。当月光明亮时,和太阳反射光一样,对象同样能得到一些月光的反射光。

目标平行灯和自由平行灯都可以用来模拟阳光效果,而且平行灯还可以对物体进行选择性的照射。下面通过一个小场景的平行灯来模拟阳光的照射效果。其步骤如下:

(1) 打开配套光盘"第5章\家装.max"文件。该场景中材质、摄像机都已调好。其渲染效果如图5-32所示。

图5-32 "家装文件"场景渲染效果

(2) 在"创建"面板中选择"灯光"→"泛光灯"选项,建立一盏泛光灯。这盏灯作为场景中的辅助光源将场景照亮,以满足基本的照明需要。将它放置在房间的中间位置。因为这盏泛光灯不是主光源,所以不需要打开投影。泛光灯的建立如图5-33所示。

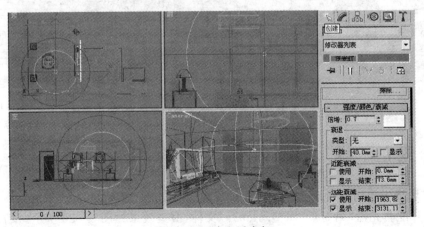

图5-33 建立泛光灯

（3）现在房间里的光线很暗，单击"目标平行灯"按钮，建立一盏"平行灯01"，使它穿过窗子射进房间，并对"平行灯参数"对话框中的"聚光区"和"衰减区"进行设置。其设置如图5-34所示。

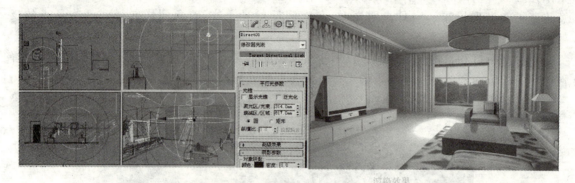

图5-34 建立目标平行灯

（4）因为没有打开目标平行灯的投影，所以光源会穿过墙体将地面全部照亮。而在现实世界中，光不会穿过墙体照射进室内，只能从窗子照射进来。因此要在"常规参数"对话框中将"阴影"启用并选择"光线跟踪阴影"，这样场景的效果才更真实，如图5-35所示。

图5-35 设置目标平行灯的"光线跟踪阴影"渲染效果

5.2.5 建立一盏"天光"效果

通常在场景中使用自然光类型的光源可以模拟自然光的照明。

（1）打开配套光盘"第5章\泥塑马.max"文件，渲染效果如图5-36所示。场景中是3DS

max 内设泛光灯的效果。

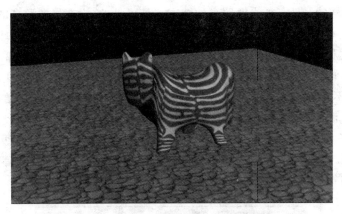

图 5-36 "泥塑马"文件场景渲染效果

（2）单击"灯光"图标 下的"对象类型"对话框中的"天光"按钮，在顶视图中创建一盏天光。该天光的位置和距离不受限制，可以任意创建。

（3）为了让场景产生自然投影的效果，勾选"天光参数"对话框"渲染"组中的"投影阴影"。

（4）按 F10 键打开"渲染场景"对话框，进入"高级照明"选项，在"选择高级照明"对话框下拉列表框中选择"光线踪器"选项，渲染时间比单纯使用天光快。渲染如图 5-37 所示。

图 5-37 "天光"渲染效果

5.3 "光度学"灯光

"光度学"灯光是一种基于真实物理计算的灯光，可通过调整"光度学"（光能）值更精确地定义灯光，模拟真实世界中的光照效果。

"光度学"灯光不同于"标准"灯光，它在照明时能够产生两种光，即直接光和间接光。当一个物体被照在它身上的光源照亮时，这个光源就是直接光。直接光照射到物体上后，被反射或者折射出去，被反射或者折射的这部分光就是间接光。反射、折射这一光的传播过程遵循一定的物理规律无限反复进行,直至光衰减为零,这一过程就叫光能传递。如果没有光能传递,那么看到的世界将是这样的:只有被光源照亮的地方才是可见的,没有光源照亮的地方都是黑暗的。

"光度学"灯光本身是不会进行光能传递的,要与"渲染场景"对话框中的"光能传递"渲染技术配合使用。在计算机渲染技术中,有 4 种比较重要的技术:光能传递、扫描线、间接照明和光线追踪。3DS max 以前版本的渲染方式是扫描线方式,其特点就是只有被直接照明的地方是亮的,场景中不存在光能传递概念上的间接光,想使直接光照射以外的物体被照亮,只能靠人为设置一些光源来模拟间接光效果。因此,它只能渲染低品质要求的场景。

按 F10 键打开"渲染场景"对话框,进入"高级照明"选项,在"选择高级照明"卷展栏下拉列表框中,3DS max 提供"光线追踪"和"光能传递"两种。如果读者安装了插件,那么还可以选择插件类型的高级照明类型。"渲染场景"对话框如图 5-38 所示。

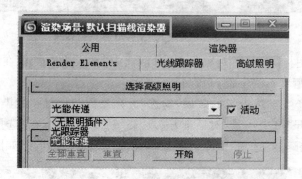

图 5-38 "渲染场景"对话框

与前面介绍的灯光不同,"光度学"灯光是通过光子叠加的算法来决定场景的,这与现实生活中的灯光概念更为接近。

5.3.1 "光度学"灯光基本参数讲解

"光度学"灯光和相应的"标准"灯光参数非常类似,它们的照明效果也很类似。共有 8 种"光度学"灯光,分别为目标点光源、目标线光源、目标面光源、自由点光源、自由线光源、自由面光源、IES 太阳光和 IES 天光,如图 5-39 所示。

目标点光源和自由点光源是常用的灯光,常用于全局照明。

目标线光源和自由线光源是室内效果图中用来制作发光灯槽的线性灯光,能够得到很好的效果。

目标面光源和自由面光源常用用于模拟区域灯光的效果。

IES 太阳光和 IES 天光常用于室外效果图的照明。

下面只就"光度学"灯光和"标准"灯光两者之间差异比较大的"强度/颜色/分布"参数对话框进行介绍,如图 5-40 所示。

1. 分 布

在此选项右边的下拉列表框中,可以选择 3 种不同的光线分布方式:web、"等向"、"聚光灯"。此外,目标灯光与自由灯光的光线分布方式也有区别。

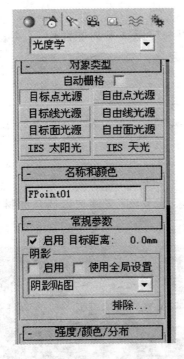 

图 5-39 "光度学"灯光参数对话框　　图 5-40 "强度/颜色/分布"卷展栏

web(光域网)：使用"光域网"文件可以描述灯光亮度的分布情况，不同的"光域网"文件可以产生不同的灯光发射效果。

"等向"：是"光度学"灯光的默认分布类型("等向"方式在所有方向的光都相同；而"漫反射"方式在灯光方向发射的光线最强，并且随着角度的增加会逐渐减少)。

"聚光灯"：是点光源特有的分布方式，这种分布方式可以产生一束光线，在光束上亮度降低1/2，在光域上亮度为0。光束和光域的角度可以像标准聚光灯的聚光区和衰弱区那样进行设置。

2. 颜　色

该组参数定义颜色和亮度的方式不同于"标准"灯光，它使用温度来定义亮度和颜色，温度越高，亮度越大，而且不同的温度代表了不同的灯光颜色。

"灯光"：挑选已经定义好的灯光类型。这时系统默认选择公用灯规，其效果近似灯光的光谱特征。

"开尔文"：通过调整色温微调器来设置灯光的颜色。色温以开尔文度数显示。相应的颜色在色温微调器旁边的色样中可见。

"过滤颜色"：使用颜色过滤器模拟置于光源上的过滤色的效果。

3. 强　度

该组参数在物理数量的基础上指定"光度学"灯光的强度或亮度。使用其中一种单位设置光源的强度。

lm(流明)：测量整个灯光(光通量)的输出功率。100 W 的通用灯泡约有 1 750 的光通量。

cd(坎德拉)：测量灯光的最大发光强度，通常是沿着目标方向进行测量。100 W 的通用灯泡约有 139 cd 的光通量。

lx(勒克斯)：测量由灯光引起的照度。该灯光以一定距离照射在曲面上，并面向光源的方向。勒克斯是国际场景单位，1 lx 等于 1 lm/m²。

5.3.2 "光度学"灯光的应用

实例操作：利用"光度学"灯光为场景照明。

1. 用"自由点光源"创建主光源

(1) 打开配套光盘"第 5 章\高级照明场景——家装.max"文件。该场景的材质、摄像机参数都已调好，渲染效果如图 5-41 所示。

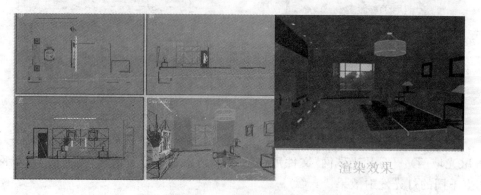

图 5-41 "高级照明场景——家装.max"场景文件及渲染效果

(2) 首先布置主光源，使用多个"自由点光源"作为场景中的主光源。单击"创建"命令面板中的"灯光"按钮，在下拉列表框中选择"光度学"选项，在顶视图中创建一盏"自由点光源"，并移动到如图 5-42 所示的位置。

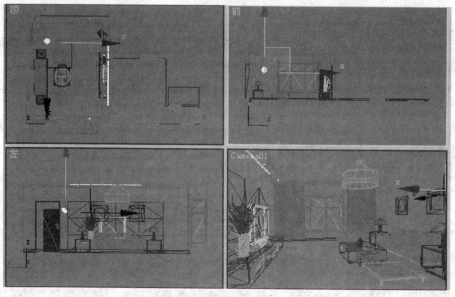

图 5-42 创建"自由点光源"

(3) 在顶视图中选中刚刚创建的"自由点光源",按住 Shift 键沿 X 轴方向以"实例"方式复制两盏,分别为"点光源 02"和"点光源 03",如图 5-43 所示。

(4) 再选中这 3 盏灯,按住 Shift 键沿 Y 轴方向以"实例"方式复制两盏,分别为"点光源 04"和"点光源 05",如图 5-44 所示。

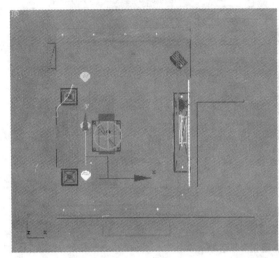 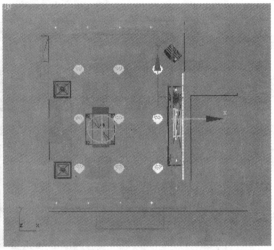

图 5-43　沿 X 轴方向复制"自由点光源"　　　　图 5-44　沿 Y 轴复制"自由点光源"

(5) 选中点光源中的某一盏灯,进入"修改"对话框对其参数进行设置,如图 5-45 所示。由于灯光是关联复制,所以其他"自由点光源"的设置也会随之发生变化。

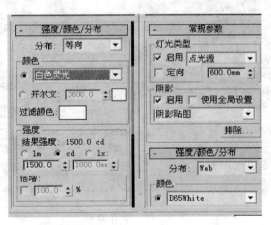

图 5-45　设置"自由点光源"参数

(6) 按 F10 键调出"渲染场景"对话框,进入"高级照明"选项卡,单击"设置"按钮弹出"环境效果"对话框,在其"曝光控制"的下拉列表框中选择"对数曝光控制",如图 5-46 所示。

(7) 单击"光能传递处理参数"卷展栏中的"开始"按钮,进行初步光能传递测试,这时可以看见进度条上的百分比数,当计算结束时为 100%,这时单击"渲染"按钮。其渲染效果如图 5-47 所示。

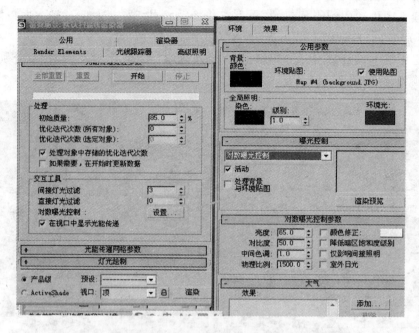

图 5-46 "渲染场景"对话框

图 5-47 效果渲染

2. 用"目标线光源"制作灯带效果

下面为电视背景墙制作灯带效果。

(1) 在前视图中创建一盏"目标线光源"——"线光源 01",并移动到如图 5-48 所示的位置。

(2) 在左视图中选中刚刚创建的"目标线光源",并按住 Shift 键沿 X 轴方向以"实例"方式复制 3 盏,分别为"线光源 02、03、04",如图 5-49 所示。

(3) 选中线光源中的某一盏灯,进入"修改"命令面板对其参数进行设置,如图 5-50 所

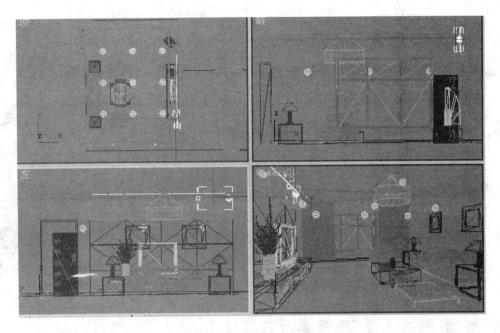

图 5-48 创建"目标线光源"

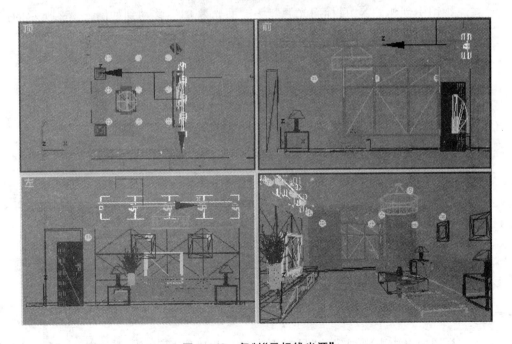

图 5-49 复制"目标线光源"

示。由于灯光是关联复制,所以其他"目标线光源"的设置也会随之发生变化。

(4) 按 F10 键调出"渲染场景"对话框,然后单击"光能传递处理参数"卷展栏中的"开始"按钮,进行初步光能传递测试,渲染效果如图 5-51 所示。

图 5-50　设置"目标线光源"的参数　　　　图 5-51　渲染效果

3. 用"目标面光源"制作台灯区域效果

(1) 在左视图中创建一盏"目标面光源"——"面光源 01",移动到如图 5-52 所示的位置。

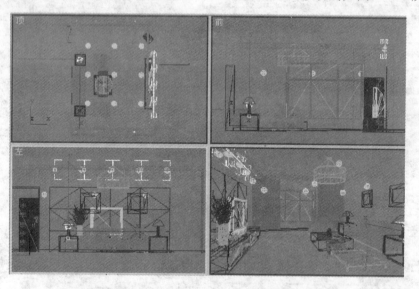

图 5-52　创建一盏"目标面光源"

(2) 在左视图中选中刚刚创建的"目标面光源",并按住 Shift 键沿 X 轴方向以"实例"方式复制一盏,为"面光源 02",如图 5-53 所示。

(3) 选中面光源中的某一盏灯,进入"修改"命令面板对其参数进行设置,如图 5-54 所示。由于灯光是关联复制,所以其他"目标面光源"的设置也会随之发生变化。

(4) 按 F10 键调出"渲染场景"对话框,然后单击"光能传递处理参数"卷展栏中的"开始"按钮,进行初步光能传递测试,渲染效果如图 5-55 所示。

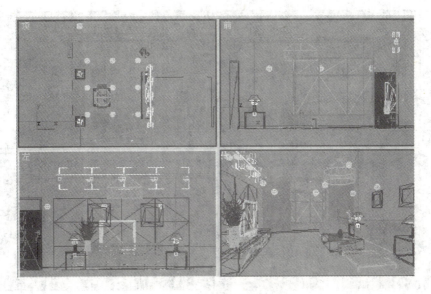

图 5-53 复制"目标面光源"

图 5-54 "目标面光源"参数设置　　　　　　图 5-55 渲染效果

4. 用"IES 太阳光"制作室外阳光照进窗口的效果

(1) 在顶视图中创建一盏"IES 太阳光",移动到如图 5-56 所示的位置。
(2) 选中灯光,进入"修改"对话框对其参数进行设置,如图 5-57 所示。
(3) 按 F10 键调出"渲染场景"对话框,然后单击"光能传递处理参数"卷展栏中的"开始"按钮,进行初步光能传递测试,渲染效果如图 5-58 所示。

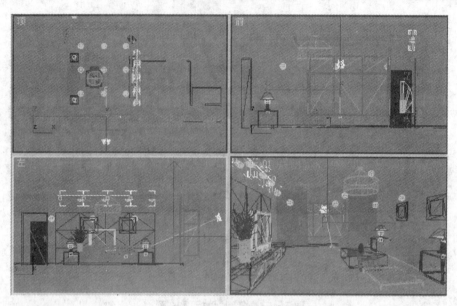

图 5-56 创建一盏"IES 太阳光"

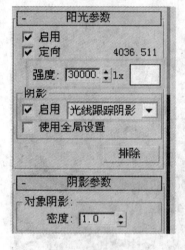

图 5-57 "阳光参数"卷展栏

图 5-58 渲染效果

5.3.3 "光域网"的应用

1. 运用"广域网"制作灯带效果

(1) 打开配套光盘"第 5 章\高级照明场景.max"文件。该场景中的材质、摄像机参数都已调好,渲染效果如图 5-59 所示。

(2) 在场景中选择"灯带",打开材质编辑器,指定一个空白实例球给"灯带"。

(3) 单击材质编辑器的 standard 按钮,在"材质/贴图浏览器"对话框中选择"高级照明覆盖材质"。在"高级照明覆盖材质"对话框中单击"基础材质"按钮,调整为浅蓝色自发光,如图 5-60 所示。

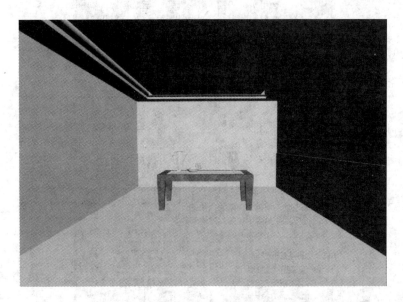

图 5-59 "高级照明场景"文件渲染效果

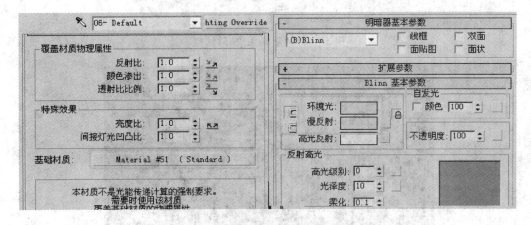

图 5-60 "高级照明覆盖材质"对话框

(4) 单击"转到父对象"按钮,在"高级照明覆盖材质"对话框中将"亮度比"调为 1 000。

(5) 按 F10 键调出"渲染场景"对话框,其调整如图 5-61 所示。

(6) 单击"光能传递处理参数"卷展栏中的"开始"按钮,进行初步光能传递测试,渲染效果如图 5-62 所示。

(7) 此时发现灯带已经亮了,但墙面是黑的。在场景中选择"BOX01"并单击材质编辑器的 standard 按钮,在"材质/贴图浏览器"对话框中选择"高级照明覆盖材质"。在"高级照明覆盖材质"对话框中单击"基础材质"按钮,调整为白色乳胶漆效果,如图 5-63 所示。

(8) 单击"转到父对象"按钮,并在"高级照明覆盖材质"对话框中将"亮度比"调为 300。

(9) 按 F10 键调出"渲染场景"对话框,渲染效果如图 5-64 所示。

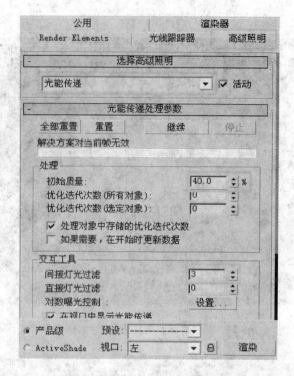

图 5-61 "渲染场景"对话框

图 5-62 渲染效果

2. 运用"光域网"制作主光源效果

(1) 在顶视图中创建一盏"自由点光源"并移动到合适的位置。在顶视图中选中刚刚创建的"自由点光源",并按住 Shift 键沿 X 和 Y 轴方向以"实例"方式各复制两盏,如图 5-65 所示。

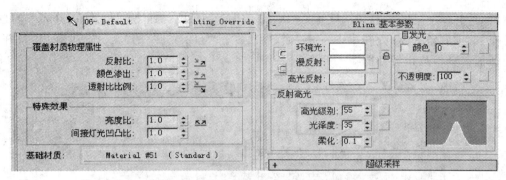

图 5-63 "高级照明覆盖材质"对话框

图 5-64 渲染效果

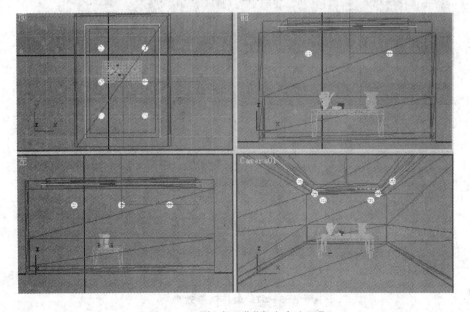

图 5-65 创建一盏"自由点光源"

(2) 选中一盏"自由点光源"灯光，进入"修改"命令面板。在"强度/颜色/分布"卷展栏中将"分布"选项调整为 web，并单击 web 参数卷展栏下"web 文件"的"无"按钮，弹出"打开光域网"对话框。其参数设置如图 5-66 所示。

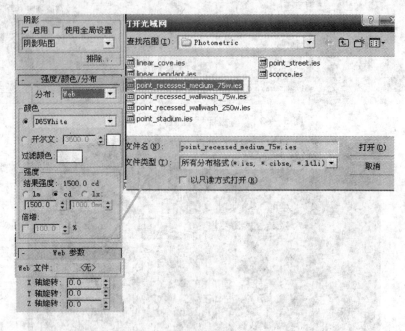

图 5-66 "强度/颜色/分布"卷展栏

(3) 按 F10 键调出"渲染场景"对话框，渲染效果如图 5-67 所示。

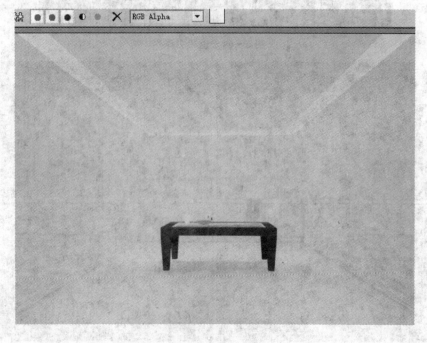

图 5-67 最终渲染效果

5.4 "日光"系统

"日光"是 3DS max 中的一种特殊灯光,它不属于"光度学"灯光。运用"日光"进行照明,并结合光能传递运用,能够较好地模拟出室内场景逼真的白天效果。制作白天的室内场景效果,仅需要一盏"日光"来模拟太阳光即可,不需要设置繁多的灯光。"日光"系统遵循太阳在地球上某一给定位置的符合地理学的角度运动,可以选择位置、日期、时间和指南针方向,也可以设定日期和时间的动画。

下面介绍利用"日光"系统制作客厅效果。

(1) 打开配套光盘"第5章\高级照明场景——家装.max"文件。该文件是一个材质、摄像机参数都调好的场景文件。

(2) 进入"创建"面板,单击"系统"按钮,在"对象类型"卷展栏中单击"日光"按钮,在顶视图中创建一盏"日光"灯,并对其"控制参数"对话框进行设置,如图 5-68 所示。

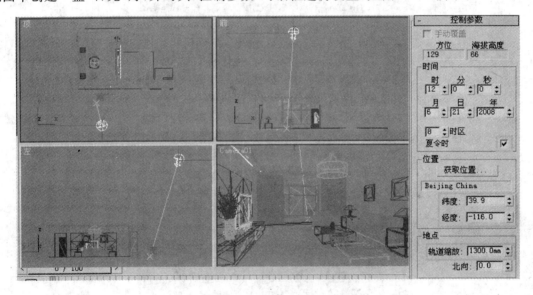

图 5-68 创建一盏"日光"灯光

(3) 进入"修改"命令面板,对"日光参数"和"IES 天光参数"卷展栏进行设置,如图 5-69 所示。

(4) 按 F10 键调出"渲染场景"对话框,进入"高级照明"选项卡。在"选择高级照明"卷展栏的下拉列表框中选择"光能传递",对"光能传递处理参数"和"光能传递网格参数"卷展栏中的参数进行设置,如图 5-70 所示。

(5) 单击"开始"按钮进行光能传递,光能传递完毕后单击"光能传递处理参数"对话框中"交互工具"组的"设置"按钮,在弹出的"环境和效果"对话框的"曝光控制"对话框中选择"对数曝光控制",在出现的"对数曝光控制参数"对话框中进行设置,如图 5-71 所示。

(6) 渲染最终效果如图 5-72 所示。

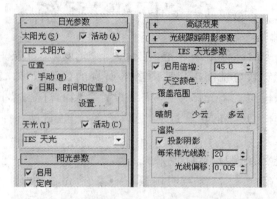

图 5-69 "日光参数"和"IES 天光参数"卷展栏

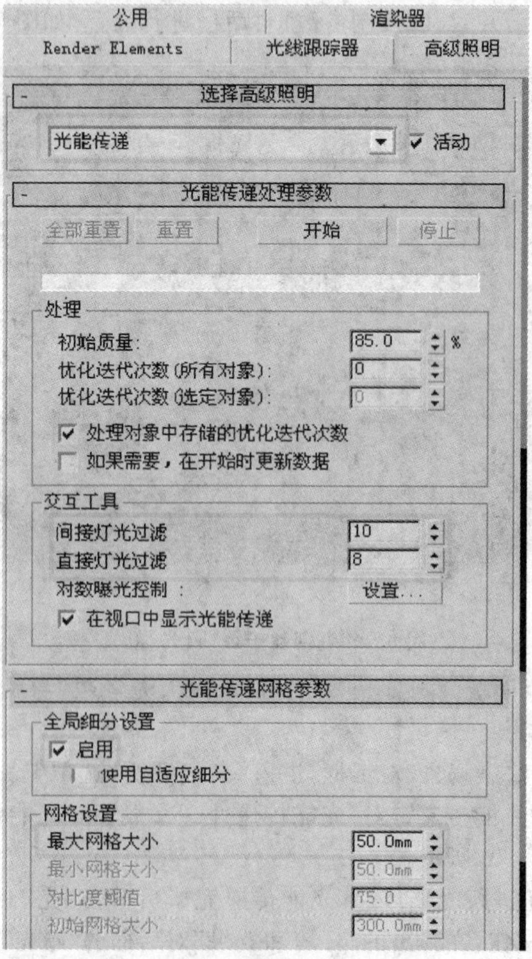

图 5-70 "光能传递处理参数"对话框

第 5 章 灯　光

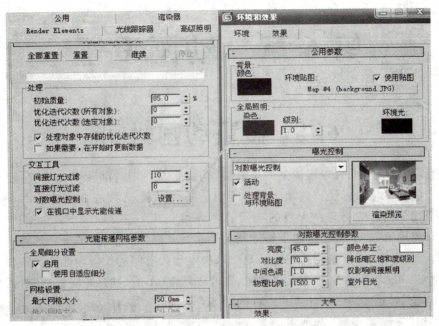

图 5-71　"环境和效果"对话框

图 5-72　渲染最终效果

思考与练习

(1) 如何使灯光的投射光影产生柔和的边缘？
(2) 练习设置灯光的有效范围。
(3) 如何模拟自然光的照明效果？

第6章 动画设置

6.1 设置动画时间

通过动画的基础概念可以很清楚地了解到,动画是在一定时间片断内快速播放连续的静帧画面,使人的视觉可以感受到连续运动的画面。根据测定,人眼在观察物体时,如果物体突然消失,这个物体的影像仍会在人眼的视网膜上保留 0.1 s 左右的时间,在这个短暂的时间里,紧接着又出现第二个影像,这两个影像就会连接起来融为一体,形成一个连续的动态画面。在实际的生产过程中,可根据物体的运动规律来决定动画时间的长短和速度的快慢。

右击 3DS max 界面底部的 ⌾ 工具按钮,打开如图 6-1 所示的"时间设置"对话框。

"时间设置"对话框由"帧速率"、"时间显示"、"播放"、"动画"和"关键帧步幅"选项组组成。在制作动画之前,必须将帧速率和每一个镜头需要的时间设置好,以便为后面的动画编辑做好基础工作。

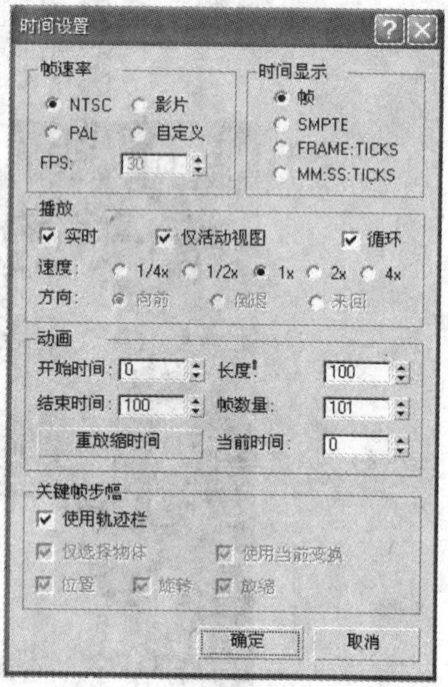

1. "帧速率"选项组

在这个选项组中,可以对 3DS max 规定的帧速率进行选择。

NTSC:一种电视播放格式,使用的都是 NTSC 制式的帧速率。这种制式要求的帧速率为 30 帧/秒,多数在美国和日本使用。

PAL:一种电视帧速率格式。这种制式要求的帧速率为 25 帧/秒,在中国及欧洲国家使用。

"影片":电影格式。这种格式要求的帧速率为 24 帧/秒。

"自定义":在 3DS max 中可以让创作者按照自己所希望的帧速率进行设置,从而满足各种动画的需求。

图 6-1 "时间设置"对话框

2. "时间显示"选项组

"帧":在 3DS max 中使用帧作为时间显示。
SMPTE:在 3DS max 中使用分/秒/帧作为时间显示。
FRAME:TICKS:在 3DS max 中使用帧/时间点作为时间显示。
MM:SS:TICKS:在 3DS max 中使用分/秒/时间点作为时间显示。

3. "播放"选项组

"实时":按实际的时间、速度播放动画。在 3DS max 中,默认是选中的。如果不选中,则计算机将会逐帧播放。

"仅活动视图":决定是否只有被激活的视图才会显示动画。

"循环":决定是否循环播放动画。

"速度":在 3DS max 中,分为 1/4x、1/2x、1x、2x、4x 五种速度,可以让创作者选择自己喜欢的速度播放动画。在一般情况下都选择 1x 的速度。

"方向":分为向前、倒退、来回 3 种。默认情况下是不可选的。

4. "动画"选项组

"开始时间":在 3DS max 中,开始时间为 0。

"长度":是指一个镜头时间的总长度或是整个动画的时间总长度。

"结束时间":是指动画的结束时间帧。

"帧数量":是指帧数的总量。在 3DS max 中,帧数量会比时间长度多 1 帧。

"当前时间":是指当前帧所处的位置。

"重放缩时间":在 3DS max 中,用于重新调整动画时间。单击此按钮会弹出"重放缩时间"对话框,可以根据自己想要的时间长度进行设置,如图 6-2 所示。

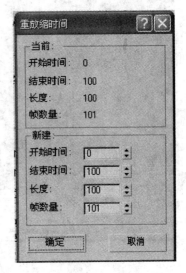

图 6-2 "重放缩时间"对话框

5. "关键帧步幅"选项组

"使用轨迹栏":选中此复选框时,单击 ⏮ 或 ⏭ 按钮,时间滑块会在时间栏上能够显示的关键帧之间跳动。

其他选项在 3DS max 中使用默认格式,在此不再一一介绍。

动画时间匹配实例:

(1) 打开 3DS max 9 界面,运行程序,如图 6-3 所示。

(2) 单击 工具按钮,设置动画的时间为 350 帧,如图 6-4 所示。

(3) 单击 (创建面板按钮),选择"系统"( )→"两足角色"选项,在透视图中创建一个两足角色物体,如图 6-5 所示。

(4) 单击 (运动面板按钮),选择"两足角色",单击 (加载文件按钮),加载配套光盘中"第 6 章\起倒立.bip"文件,打开文件后会弹出一个"匹配两足角色"对话框,然后单击"确定"按钮,如图 6-6 所示。

(5) 现在可以看见在 3DS max 的时间栏中两足角色的动画时间帧只有 188 帧,拨动时间滑块或单击"播放"按钮,角色在 189 帧以后没有动画,说明 189~350 帧属于多余的帧,为精确动画的渲染和合成,需要进行调整动画时间,如图 6-7 所示。

图6-3 3DS max 9 界面

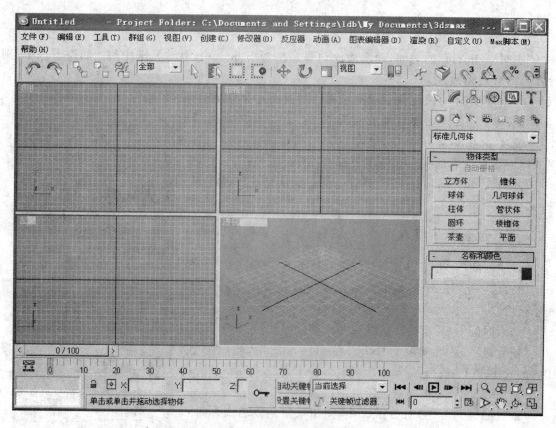

图6-4 设置动画的时间长度

第 6 章 动画设置

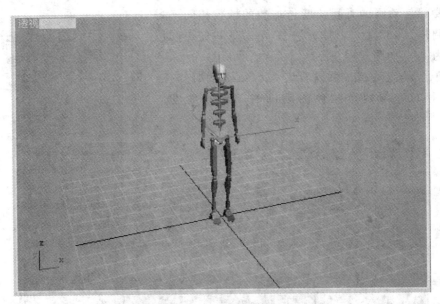

图 6-5 创建两足角色

图 6-6 "匹配两足角色"对话框

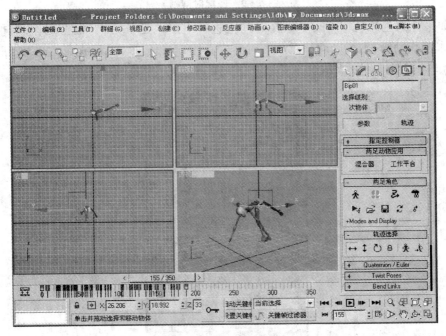

图 6-7 添加 bip 文件

（6）要想使动画的时间长度与加载的帧数相同，需要将时间调整为188帧。具体方法是，单击 按钮，将时间长度设为188，如图6-8所示。

（7）单击"确定"按钮，可以看见3DS max的时间长度正好是188，它与两足角色的动画时间帧相匹配，如图6-9所示。

图6-8　设置动画时间

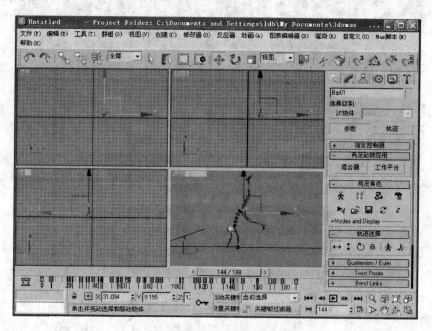

图6-9　匹配时间帧

（8）如果让角色的动作不改变但在时间上进行缩短或延长，并且根据创作者自己想要的时间长度来制作动画，则可以调整重放缩时间。具体方法是，单击"重放缩时间"按钮，将"结束时间"设为20，如图6-10所示。

图6-10　设置结束时间

(9) 通过重放缩时间的调整,可看见 3DS max 的时间长度变为 20,单击"播放"按钮,可以看见两足角色物体在视图中以快速的动作进行播放,如图 6-11 所示。

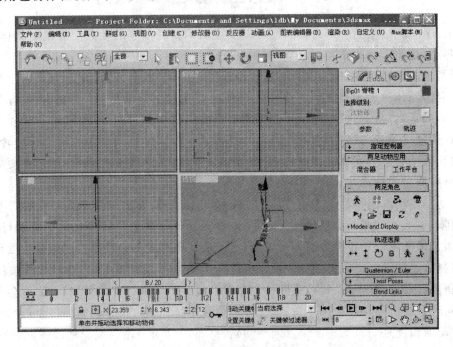

图 6-11　调整时间长度为 20

(10) 如果将"结束时间"设为 300,可看见 3DS max 的时间长度变为 300,单击"播放"按钮,可以看见两足角色物体在视图中以很慢的速度进行播放,如图 6-12 所示。

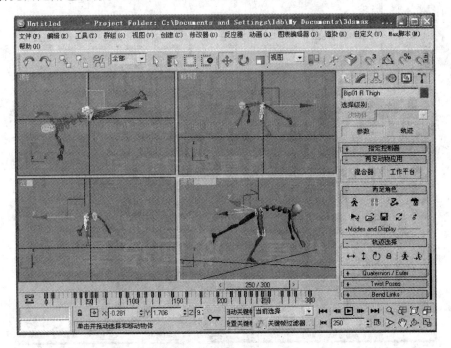

图 6-12　调整时间长度为 300

6.2 创建动画路径

在 3DS max 中，几乎所有的物体都可以设置动画。最基本的动画制作是对物体的移动、旋转和缩放。把物体从一个位置移动到另一个位置，将一个物体进行等比或不等比例缩放，或者是按照指定的路径运动，这个制作过程可以设置为一段动画。这种记录方式属于基本的动画形式。因为物体的运动会受到各种力的影响，所以物体的运动是不一样的，在制作过程中需要考虑物体的运动规律。例如电风扇在关闭电源之后的一段时间里，电风扇的叶片是做减速运动的，直到最终停止。当用动画来表现的时候，只对风扇叶片围绕中心轴进行旋转，这样直接产生的动画不会有真实感。因此在制作动画时，需要掌握相关的学科知识，以便更好调节动画，制作出高质量的动画片。

路径动画是动画制作的最常用方法。在用移动、旋转和缩放工具制作动画时需要设置较多的关键帧，生成的动画未必精确流畅；而采取路径制作动画能使物体运动更精确，运动感觉更流畅，而且最基本的关键帧只有两个，并且运动的方向和倾斜角度都可以保持与运动方向相一致。在制作路径动画时只需要 1 个模型物体和 1 条路径线。单击 ◎（运动面板按钮），选择"制定控制器"→"位置"→"路径约束"→"加载路径线"选项，选择好路径线后，物体会自动拾取路径线，同时系统会自动产生两个关键帧，分别为起始帧和结束帧。动画的整个长度和路径线上移动的动画长度是一致的。如果要调整动画，只需调整动画路径或重新设置起始时间和结束时间即可，物体会立刻生成新的动画。

实例：蝴蝶沿路径飞行动画。

（1）打开配套光盘中的". max"文件蝴蝶，单击"播放"按钮 ▶，可以看到这个模型没有任何动画，如图 6-13 所示。

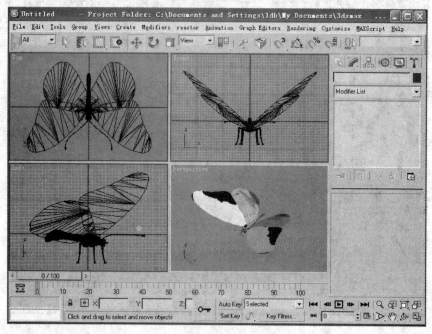

图 6-13 场景模型

(2) 在"创建"面板中选择"图形"→"螺旋线"选项,在顶视图创建一条螺旋线作为蝴蝶的飞行路径,将视图最大化显示,参数设置如图 6-14 所示。

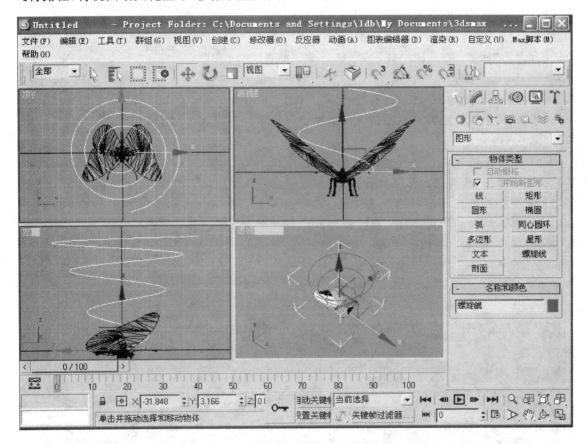

图 6-14 创建螺旋线

(3) 在顶视图中选择蝴蝶所有模型,在菜单栏的"群组"菜单→"群组命令",将所有模型组成一个组,起名叫"蝴蝶",如图 6-15 所示。

(4) 选择蝴蝶模型,在"运动"面板中选择"参数"→"位置"→"指定控制器"选项,添加一个路径约束控制,然后单击"确定"按钮,如图 6-16 所示。这时可以看见在 3DS max 的时间线上出现两个关键帧,分别在 0 帧和 100 帧上。

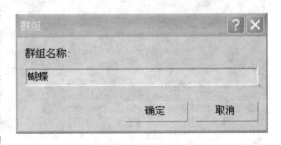

图 6-15 群 组

(5) 将路径线指定给蝴蝶物体,拖动运动面板,选择路径参数,打开路径参数栏前面的"+"号,然后单击"添加路径"按钮,将鼠标移动到视图中的路径线上,可以看到光标变为十字光标,最后单击路径线,将路径加给蝴蝶,如图 6-17 所示。

(6) 现在可以看到蝴蝶自动移到路径线的起始位置了。单击"播放"按钮观看蝴蝶的运动,蝴蝶的运动时间与路径刚好吻合,蝴蝶沿路径线飞行,但是现在蝴蝶的飞行是有问题的,如图 6-18 所示。因为蝴蝶自身还没有设置动画,就沿路径飞行而言,蝴蝶的飞行没有任何变化,在实际中蝴蝶的飞行应该是自身角度和飞行方向是保持一致的,所以要调整路径约束的参数。

(7) 在"运动"面板中选择"路径参数"→"路径"选项,并勾选"跟随"复选框,可以看见蝴蝶的飞行还是有错误的,因为"跟随"项是让物体沿 X 轴向运动的,所以蝴蝶的运动与自身的轴向有关。将蝴蝶沿 Y 轴运动,再选择"反向"复选框来控制蝴蝶的运动方向,再次单击"播放"按钮就可以看见蝴蝶的飞行角度已经正常了,如图 6-19 所示。

(8) 蝴蝶在转弯时还是比较平稳的,要想模拟出实际的飞行效果,应考虑力学对物体的影响,并且要了解运动规律。由于在转弯时角度大小的不同,物体倾斜程度也是不一样的,因此要在"路径选项"中勾选"倾斜"选项,设置"倾斜"参数,如图 6-20 所示。

(9) 单击"播放"按钮再次观看动画,蝴蝶的飞行就正确了。

图 6-16 路径结束控制

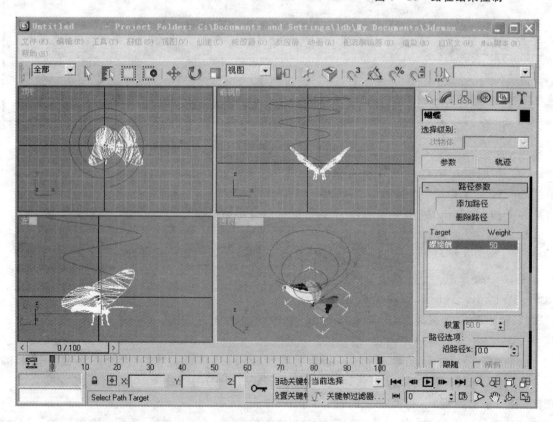

图 6-17 添加路径

第 6 章 动画设置

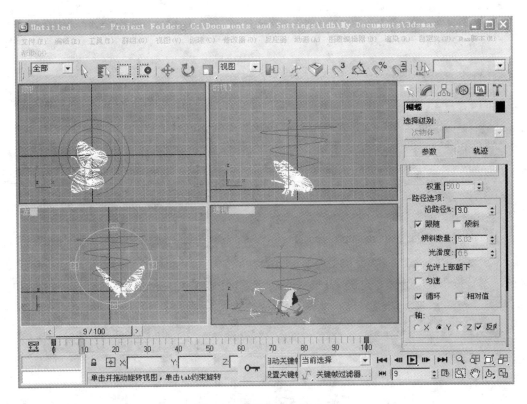

图 6-18 蝴蝶的起始位置

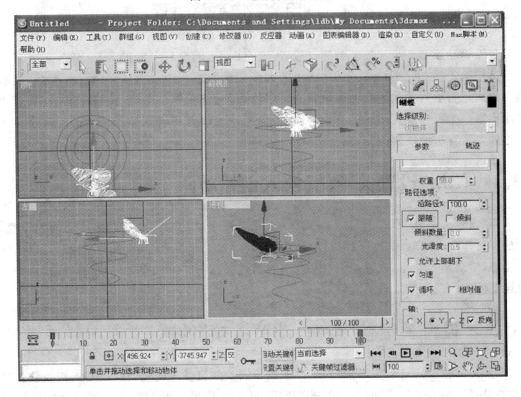

图 6-19 调整蝴蝶的运动方向

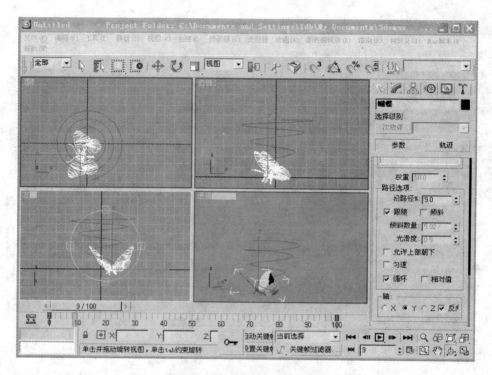

图 6-20 设置"倾斜"参数

6.3 调整编辑动画

调整编辑动画是一个比较辛苦的过程,需要有耐心,同时对事物的观察要细心,要掌握物体的运动规律。在 3DS max 软件中,物体的大多数参数都可以设置成动画。在有些时候,需要预先知道是否能对参数进行动画设置。可以使用"轨迹视图",在"轨迹视图层次"列表中将会显示出每一个可以设置动画的参数。同时,也可以通过对物体添加控制器的方法来设置动画。这种方法在后面的实例中将会进行深入讲解。

6.3.1 使用"设置关键帧"模式创建动画

使用"设置关键帧"模式比"自动关键帧"模式有更多的控制。通过对物体动画的设置,能快速放弃所作的动画效果,而不用撤销所有的动画设置工作。通过"设置关键帧",可以给角色设置姿势,然后通过使用"轨迹视图"中的"关键帧过滤器"和"可设置关键帧"的轨迹,给物体的对象设置想要的动画效果的关键帧。

6.3.2 "设置关键帧"与"自动关键帧"的区别

"设置关键帧"与"自动关键帧"的工作流程不同,在"自动关键帧"模式中,工作流程是启用"自动关键帧"模式,然后移动时间滑块到指定时间上,最后变换对象或者更改物体的属性参数,所有的改动将会被自动记录为关键帧;而在"设置关键帧"模式中,工作流程是启用"设置关键帧"模式,然后移动时间滑块到指定的时间上。在变换或者更改对象参数之前,需要使用"轨迹视图"和"过滤器"中的"可设置关键帧"图标来确定对哪些轨迹可以设置关键帧,通过单击"设置关键帧"按钮或者按键盘上的 K 键就可以设置关键帧,是手动记录关键帧。

实例:蝴蝶的动画。

(1) 打开配套光盘中"第 6 章\蝴蝶.max"文件,如图 6-21 所示。

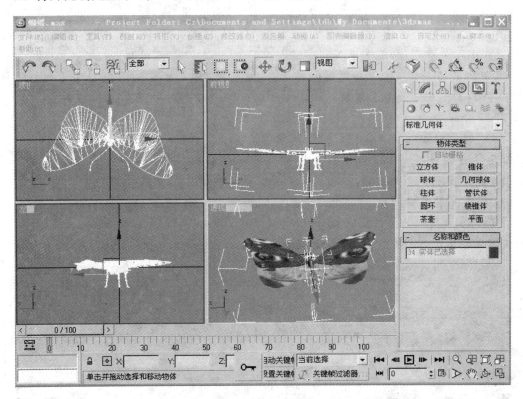

图 6-21 蝴蝶模型

(2) 在顶视图中将蝴蝶右边的两个翅膀选定,在"群组"菜单中选择"群组"选项或者按 CTRL+T 键,将两个翅膀组成一个组,起名叫"翅膀一";同样的方法将左边的两个翅膀组成一组,起名叫"翅膀二",如图 6-22 所示。

(3) 选择"翅膀一",按键盘上的 H 键,在弹出的"选择物体"对话框中选择"颠倒",可以看到其他模型被选择。单击"选择"按钮,在视图中可以看见其他模型都被选择,如图 6-23 所示。

图 6-22 群 组

(4) 在左视图上右击,在弹出的面板中选择"隐藏"→"物体"选项,将所有选择的物体隐藏,可以看见视图只有翅膀物体,如图 6-24 所示。

(5) 在"创建"面板中选择"辅助体"→"虚拟体"选项,在顶视图的中心位置创建一个虚拟体,大小如图 6-25 所示。

(6) 选择"翅膀一"物体,单击工具条中的"选择链接"按钮,移动鼠标到视图中,可以看见鼠标箭头变成两个方块。当拖动鼠标到虚拟物体时,会出现一根虚线与虚拟物体链接,此时虚拟体会出现白色并闪一下,说明"翅膀一"已经绑定到虚拟体上。

(7) 单击"自动记录关键帧"按钮,3DS max 的时间线变成红色显示,拖动时间滑块到 20 帧的位置,选择图中的虚拟体,单击工具栏中的"旋转"按钮,以 Y 轴旋转 -45°,可以看见时间线上在 20 帧的位置自动出现一个关键帧,以绿色显示,如图 6-26 所示。

(8) 将时间滑块移到 40 帧的位置,调整虚拟体的旋转参数为 -45°,可以看见时间线上在 40 帧的位置自动出现一个关键帧,如图 6-27 所示。

(9) 将时间滑块移到 60 帧的位置,调整虚拟体的旋转参数为 -60°,可以看见时间线上在 80 帧的位置自动出现一个关键帧,如图 6-28 所示。

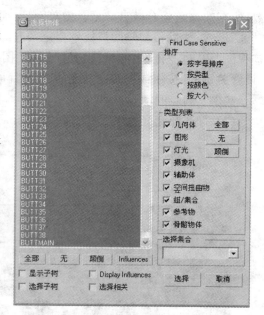

图 6-23 选择其他模型

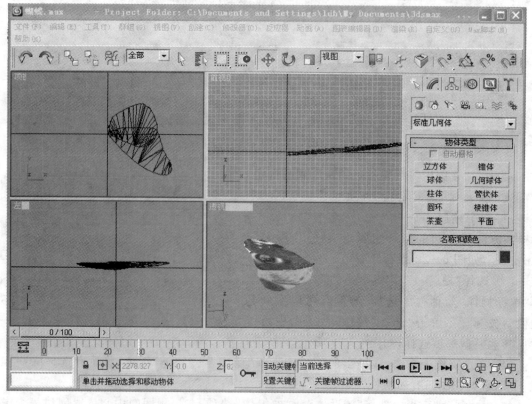

图 6-24 隐藏选择物体

第 6 章 动画设置　　201

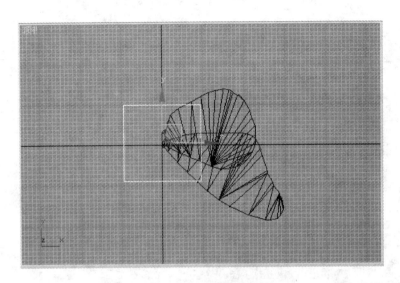

图 6-25　创建虚拟体

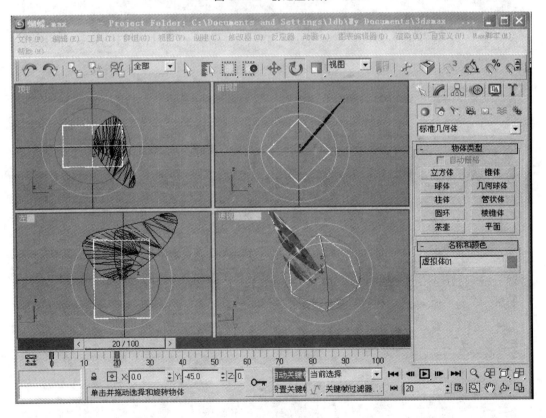

图 6-26　20 帧的位置

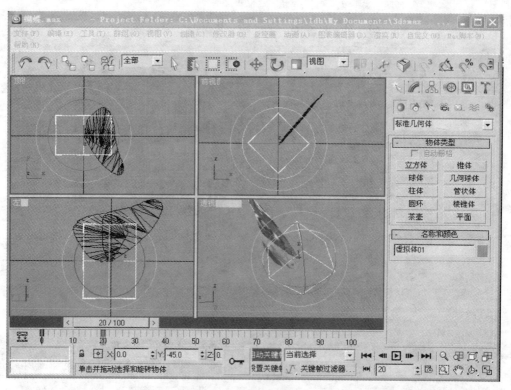

图 6-27　40 帧的位置

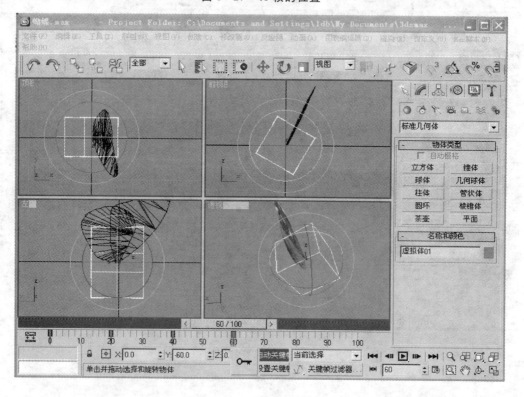

图 6-28　60 帧的位置

(10) 将时间滑块移到 80 帧的位置,调整虚拟体的旋转参数为 40°,可以看见时间线上在 80 帧的位置自动出现一个关键帧,如图 6-29 所示。

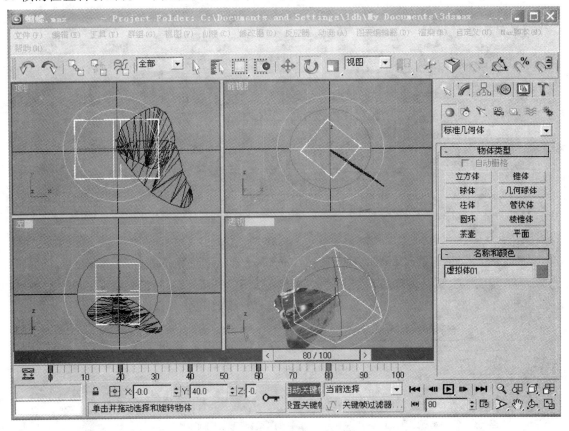

图 6-29 80 帧的位置

(11) 将时间滑块移到 100 帧的位置,调整虚拟体的旋转参数为 -60°,可以看见时间线上在 100 帧的位置自动出现一个关键帧,如图 6-30 所示。

(12) 单击"播放"按钮,可以看见蝴蝶右边的翅膀动画已经做好,用同样的方法设置蝴蝶左边的翅膀动画,其参数与右边相同,正负与右边相反,结果如图 6-31 所示。

(13) 在视图中右击,选择全部显示命令,将蝴蝶的所有模型显示,然后单击"播放"按钮,观看动画,如图 6-32 所示。

(14) 至此,蝴蝶翅膀动画已经实现。由于在蝴蝶的飞行中身体是一体运动的,因此还要调整蝴蝶身体的动画。在视图中选择蝴蝶身体,单击"自动记录关键帧"按钮,将时间滑块移动到 20 帧,再单击"移动"按钮,在前视图中将蝴蝶身体沿 Z 轴移动 -20 个单位,在时间线上可以看见一个红色的关键帧出现,如图 6-33 所示。

(15) 分别拖动时间滑块到 40 帧、60 帧、80 帧、100 帧,将蝴蝶身体分别沿 Z 轴移动 10 个、-20 个、10 个、-20 个单位,设置并记录关键帧,结果如图 6-34 所示。

(16) 至此,蝴蝶的整个动画全部完成,单击"播放"按钮观看动画,如图 6-35 所示。

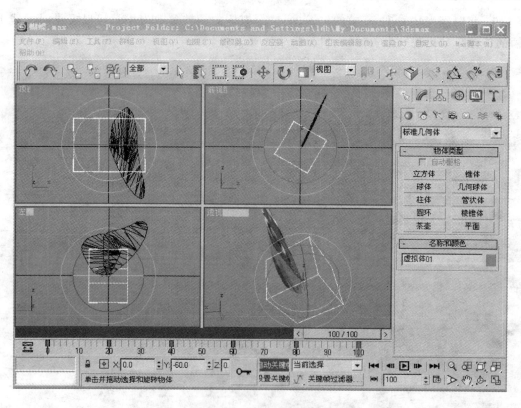

图 6-30　100 帧的位置

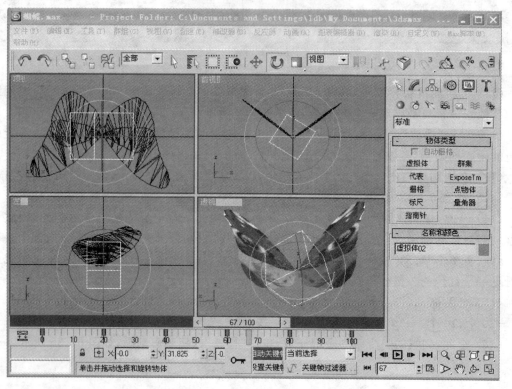

图 6-31　设置左边翅膀的动画

第6章 动画设置

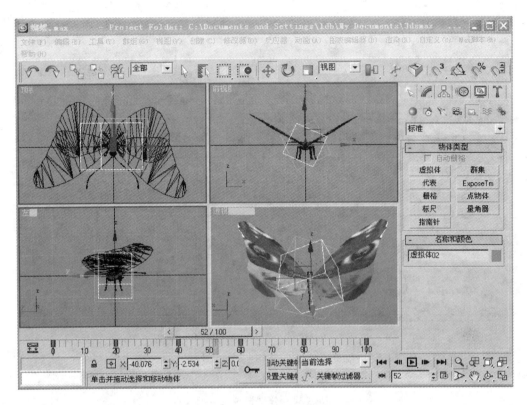

图6-32 预览动画

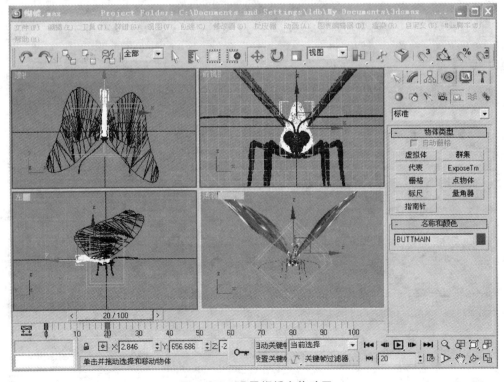

图6-33 设置蝴蝶身体动画

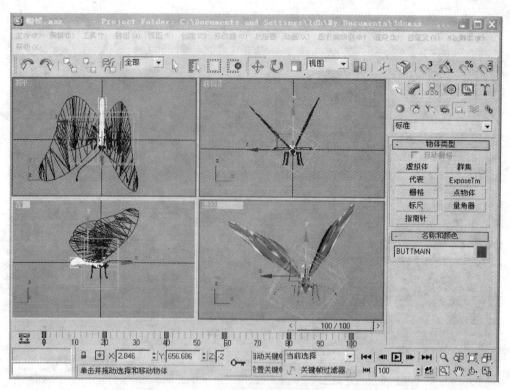

图 6-34 分别记录关键帧

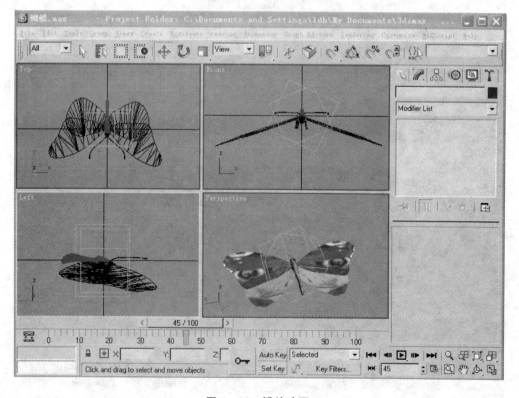

图 6-35 播放动画

6.4 创建摄像机

在一部动画片中,是根据动画分镜头剧本将动画分为若干个分镜头进行制作。在分镜头剧本中,摄像机起到非常重要的作用,例如要表现的景别、拍摄的手法、拍摄的内容、镜头特效、镜头的节奏感、拍摄的时间长度等都离不开摄像机。下面对摄像机的参数进行简单的介绍。

在 3DS max 9 中,摄像机分为目标摄像机和自由摄像机两种类型,单击控制面板中的按钮,进入摄像机面板,如图 6-36 所示。

目标摄像机:目标摄像机总是注视一个目标点,对摄像机制作动画时所注视的目标物体不会改变,但可以改变摄像机机身的位置和角度。在 3DS max 中,创建目标摄像机可以单击任何一个视图,并将摄像机拖动到目标位置,就创建好了一个目标摄像机。

自由摄像机:自由摄像机是随着摄像机机身的运动使拍摄的物体随着改变,直接拍摄摄像机前面区域的场景物体。自由摄像机并不表示没有目标点,而是没有提供直接控制的目标点。在制作沿路径运动的动画时,自由摄像机的设置会更加方便。

1. 摄像机的基本属性参数

在 3DS max 9 中,目标摄像机和自由摄像机的参数基本相同。下面选择目标摄像机进行介绍。首先在视图中创建一台目标摄像机,如图 6-37 所示。

图 6-36 摄像机面板

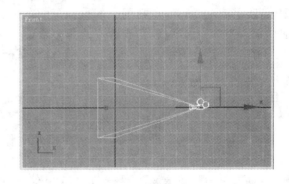
图 6-37 创建目标摄像机

打开面板,可以看见摄像机的基本参数,如图 6-38 所示。

"镜头":设置摄像机的焦距长度,48 mm 的焦距是人眼的视觉标准距离。

FOV(视角):设置摄像机的视觉角度,选择视角方向来调节方向上的可视范围大小。单击 FOV 旁边的箭头可以看见有 3 种显示方式,包括水平、垂直和对角。

"正交映射":勾选此项,效果如用户视图效果同样;取消勾选,效果与透视图效果同样。

"库存镜头":3DS max 9 提供了 9 种常用的镜头可供用户选择。

"类型":可以切换目标摄像机和自由摄像机。

"显示锥形框":显示摄像机的锥形范围。

"显示地平线":根据人的视角是否显示摄像机在视图中的地平线,可供用户参考。

"环境大气范围":设置环境大气在视图中的影响范围。

"显示":打开近距范围和远距范围的显示可以在视图中看见具体的显示范围。

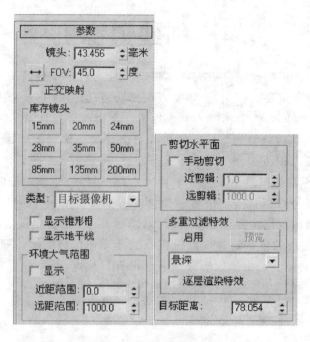

图 6-38 摄像机的基本参数

"近距范围":设置环境在视图中的近距影响范围。

"远距范围":设置环境在视图中的远距影响范围。

"剪切水平面":可以控制场景中用户想要渲染的某些部分。

"手动剪切":勾选此项,可以看见显示在摄像机的镜头上出现红色带交叉的方框,用来调整近距和远距剪切的范围。

"近距辑和远距辑":通过数值来确定近距和远距剪切的范围。

"多重过滤特效":用于摄像机在运动模糊和制作景深的效果上,通过叠加的方式进行计算,在渲染上会增加时间。由于景深与运动模糊效果具有排斥性,因此,不能在同一个摄像机上使用。当该场景需要时,应先设置多重过滤特效,再进行运动模糊合成。

"启用":勾选此项,控制控制景深和运动模糊效果是否生效。

"预览":在摄像机视图预览当前的效果。

"逐层渲染特效":勾选此项,在特效的输出时,可以提高特效渲染处理的速度。

"目标距离":设置摄像机与目标点的距离。对自由摄像机而言,只是一个不可见的目标点。

下面了解景深的基本属性参数,如图 6-39 所示。

"焦点深度":当摄像机目标点关闭之后,控制摄像机偏移的深度。

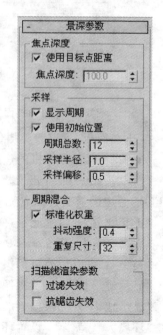

图 6-39 景深的基本属性参数

"使用目标点距离"：默认状态下是开启状态，是指每个周期摄像机偏移的位置；关闭则表示以焦点深度的值进行偏移。

"显示周期"：勾选此项，显示多重过滤渲染过程；反之则显示最终结果。

"使用初始位置"：勾选此项，表示初始位置渲染第一个周期；反之则表示每个渲染周期与后面的周期之间进行偏移。

"周期总数"：指设置产生效果的周期总数。

"采样半径"：增加采样半径可以增强整体的模糊效果；反之则减弱模糊效果。

"采样偏移"：控制模糊的权重值。增加该参数可以达到统一效果；反之则产生随机效果。

"周期混合"：针对抖动效果的控制，在视图中无预览效果。

"标准化权重"：勾选此项，效果为统一标准；反之会产生随机效果。

"抖动强度"：增加该参数可以增强抖动的程度，效果会更明显。

"重复尺寸"：抖动效果中使用图案的重复尺寸，值为0~100，默认为32。

"扫描线渲染参数"：在渲染多重过滤场景时取消抗锯齿和抗锯齿过滤效果，提高渲染速度。

2. 创建摄像机实例

（1）启动 3DS max 9，打开配套光盘中"第6章、简单模型.max"文件，如图 6-40 所示。

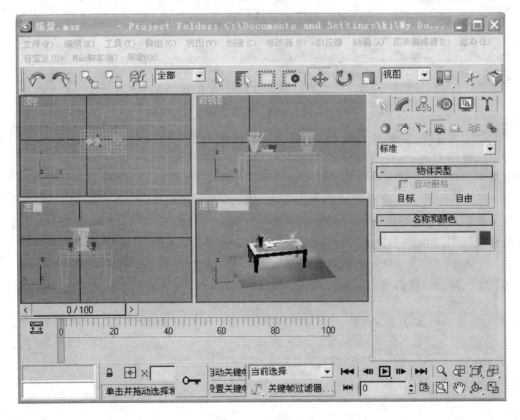

图 6-40 场景文件

(2) 在"创建命令"面板中选择"摄像机"( )→"目标摄像机"选项,在顶视图中创建一个目标摄像机,并选择摄像机和目标点调整位置,如图 6-41 所示。

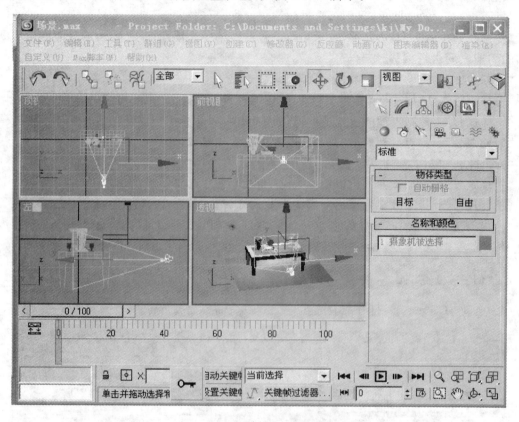

图 6-41 创建一个目标摄像机

(3) 选择透视图,在键盘上按下 C 键,可以看见透视图被切换为摄像机视图 Camera01,将鼠标放到 Camera01 上,在弹出的级联菜单中选择"显示安全框",如图 6-42 所示。

(4) 现在可以看见在摄像机视图中出现了由黄、湖蓝和橙色构成的安全框,所起到的作用是在大场景当中可以确定摄像机所拍摄的有效范围,如图 6-43 所示。

(5) 将摄像机的位置调整好,如图 6-44 所示。

(6) 最终渲染摄像机视图效果如图 6-45 所示。

图 6-42 显示安全框

第6章 动画设置

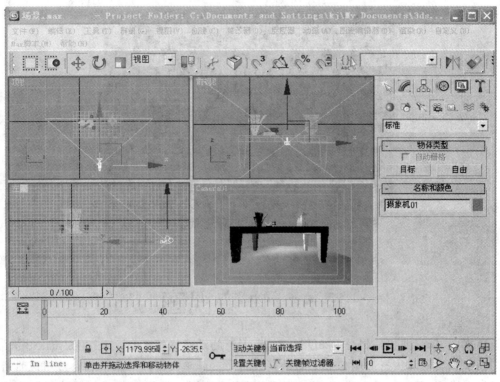

图6-43 显示有效范围

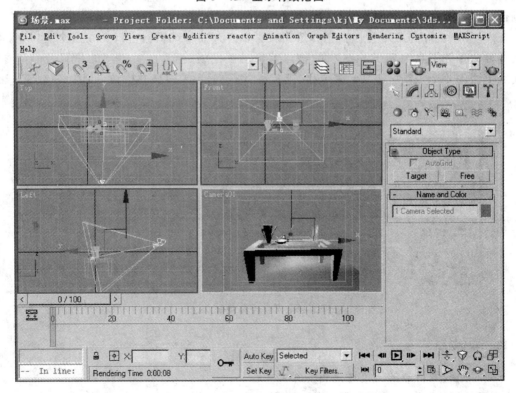

图6-44 调整位置

图 6-45 渲染效果

6.5 轨迹视图

轨迹视图-动画曲线编辑器是 3DS max 最主要的动画编辑工具。在 3DS max 中,轨迹视图分为曲线编辑器和摄影表两部分。对动画设置一些简单关键帧的编辑和修改可以直接在时间刻度尺上进行,但如果是大量的、复杂的关键帧编辑,则一般都在动画曲线编辑器和摄影表中进行编辑。在动画实例制作前,应先了解相应的操作命令和菜单。

在 3DS max 的主工具栏上单击 ▦ 按钮就可以打开曲线编辑器窗口。在这个窗口中,可以利用各种命令和工具为 3DS max 中的物体编辑动画曲线、活动画关键帧的位置及时间参数。曲线编辑器由 4 个控制区组成:菜单栏、工具栏、浏览器和编辑调整窗口,如图 6-46 所示。

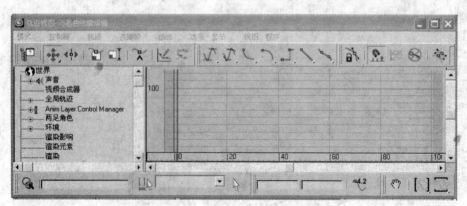

图 6-46 曲线编辑器窗口

1. 工具栏

下面对曲线编辑器的工具栏进行介绍:

▦(过滤器)   确定在"控制器"窗口和"关键点"窗口中显示的内容。

✥(移动关键点)   在函数曲线图上的水平和垂直方向的自由移动关键点。

(水平方向移动关键点) 在函数曲线图上仅在水平方向的移动关键点。

(垂直方向移动关键点) 在函数曲线图上仅在垂直方向的移动关键点。

(滑动关键点) 在曲线编辑器中使用"滑动关键点"来移动一组关键点,并根据移动来滑动相邻的关键点。

(缩放关键点) 使用此选项在两个关键帧之间压缩或扩大时间量。它可以用在曲线编辑器和摄影表模型中。

(缩放值) 根据一定的比例增加或减小关键点的值,而不是在时间上移动关键点。

(添加关键点) 在函数曲线图或摄影表中的曲线上创建关键点。

(绘制曲线) 使用它来绘制新曲线,或通过直接在函数曲线上绘制草图来更改已存在的曲线。

(减少关键点) 使用它来减少轨迹中的关键点总量。

(将切线设置为自动) 它在"关键点切线轨迹视图"工具栏中,选择关键点后单击此按钮可将切线设置为自动切线。也可单击"弹出"按钮单独设置内切线和外切线为自动。将自动切线的控制柄更改为自定义,并使它们用于编辑。

(将切线设置为自定义) 将关键点设置为自定义切线,选择关键点后单击此按钮可使此关键点控制柄用于编辑。可单击"弹出"按钮单独设置内切线和外切线。在使用控制柄时按下 Shift 键中断使用。

(将切线设置为快速) 将关键点切线设置为快速内切线、快速外切线或二者均有,这取决于在"弹出"按钮中的选择。

(将切线设置为慢速) 将关键点切线设置为慢速内切线、慢速外切线或二者均有,这取决于在"弹出"按钮中的选择。

(将切线设置为阶跃) 将关键点切线设置为阶跃内切线、阶跃外切线或二者均有,这取决于在"弹出"按钮中的选择。使用阶跃来冻结从一个关键点到另一个关键点的移动。

(将切线设置为线性) 将关键点切线设置为线性内切线、线性外切线或二者均有,这取决于在"弹出"按钮中的选择。

(将切线设置为平滑) 将关键点切线设置为平滑。用它来处理不能继续进行的移动。

(锁定选择) 锁定选中的关键点。一旦创建了一个选择,打开此选项就可以避免不小心选择其他对象。

(捕捉帧) 将关键点移动限制到帧中。启用此选项后,关键点移动总是捕捉到帧中;禁用此选项后,可以移动一个关键点到两个帧之间并成为一个子帧关键点。默认设置为启用。

(参数超出范围曲线) 使用此选项来重复关键点范围之外的关键点移动。该选项包括恒定、周期、循环、往复、线性和相对重复,如图 6-47 所示。

图 6-47 中各类型的含义如下:

> **恒定** 保持所有帧范围末端的值。当想在范围之前或之后没有动画效果时,使用"恒定"。范围之前的所有帧保持范围开始时的时间值,范围之后的所有帧保持范围结束时的时间值。"恒定"是增强曲线的默认超出范围类型。

> **周期** 在范围内重复同一个动画。当想准确重复一个动画时,使用"循环"。

> **循环** 在范围内重复同一个动画,但在范围的最后关键点与第一个关键点之间采用插值,以创建平滑循环。当使用展开的范围栏产生平滑的重复动画时,使用"循环"。

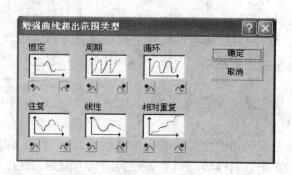

图 6-47 "增强曲线超出范围类型"选项卡

➢ **往复** 当在范围内重复动画时,在向前和向后之间交替。当想使动画在前与后之间交替时,使用"往复"。

➢ **线性** 沿直线投影动画值,该直线与在范围界限内的减弱曲线或增强曲线相切。当想使动画进入和离开恒定速率的范围时,使用"线性"。

➢ **相对重复** 在范围内重复动画,但通过范围末端值来偏移重复。使用"相对重复"创建重复时彼此相对的动画。

(显示可设置关键点图标) 显示一个定义轨迹为关键点或非关键点的图标。仅当轨迹在想要的关键帧之上时,使用它来设置关键点。在"轨迹视图"中禁用一个轨迹也就在视口中限制了此移动。红色关键点是可设为关键点的轨迹,黑色关键点是不可设为关键点的轨迹。

(显示切线) 在曲线上隐藏或显示切线控制柄。使用此选项来隐藏单独曲线上的控制柄。

(显示所有切线) 在曲线上隐藏或显示所有切线控制柄。当选中很多关键点时,使用此选项来快速隐藏控制柄。

(锁定切线) 锁定选中的多个切线控制柄,就可以一次操作多个控制柄。禁用"锁定切线"时,一次仅可以操作一个关键点切线。

以下介绍摄影表的工具栏,与曲线编辑器相同的工具这里不再介绍。摄影表工具栏如图 6-48 所示。

图 6-48 摄影表工具栏

(编辑关键点) 显示"摄影表编辑器"模式,它将关键点在图形上显示为彩色方块。它可以对每个关键帧进行编辑,使用这个模式来插入、剪切和粘贴时间。

(编辑时间值域范围) 显示"摄影表编辑器"模式,它将关键点轨迹在图形上显示为范围工具栏。在选中多个轨迹时,可以同时改变它们的范围,在编辑时间值域范围下,不能对单个的关键帧进行编辑。

(选择时间) 用来选择时间范围。时间选择包含时间范围内的任意关键点。使用"插入时间",然后用"选择时间"来选择时间范围。双击该轨迹可以将全部时间段选择。

(删除时间) 将选中时间从选中轨迹中删除。该选项不可以应用到对象整体来缩短时间段。此操作会删除关键点,但会留下一个"空白"帧。

(反转时间) 在选中的时间段内,反转选中轨迹上的关键帧,即起始结束帧位置互换。

（缩放时间） 在选中的时间段内，缩放选中轨迹上的关键点。它始终是选择时间段的左边进行缩放，向左拖动表示缩短时间段，向右拖动表示增大时间段。

（插入时间） 以时间插入的方式插入一个范围的帧。滑动已存在的关键点来为插入时间创造空间。

（剪切时间） 将选中时间从选中轨迹中剪切。

（复制时间） 复制选中的时间，以后可以用它来粘贴。

（粘贴时间） 将剪切或复制的时间添加到选中轨迹中。

（修改子树） 启用该选项后，在父对象轨迹上操作关键点来将轨迹放到层次底部。它默认在"摄影表"模式下。

（修改子关键点） 如果在没有启用"修改子树"时修改父对象，则单击"修改子关键点"按钮，将更改应用到子关键点上。

图 6-49 浏览器窗口

2. 浏览器

浏览器窗口可以显示 3DS max 视图中所有物体的层级，并可通过单击操作方便地选择其内部的层级，如图 6-49 所示。

3. 编辑调整窗口

编辑调整窗口分为曲线编辑器和摄影表两种类型，如图 6-50 和图 6-51 所示。

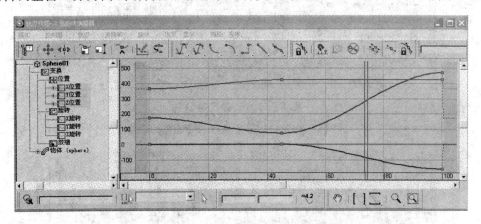

图 6-50 曲线编辑器编辑调整窗口

实例：五角星动画。

（1）单击"创建面板"按钮，选择"图形"→"星形"选项，在前视图创建一个五角星，将"半径 1"值设为 35，"半径 2"值设为 15，结果如图 6-52 所示。

（2）在"修改器列表"中给创建的五角星添加一个"挤出"修改器，将"参数"展卷栏中的"数量"设为 5，结果如图 6-53 所示。

（3）在"修改器列表"中给创建的五角星添加一个 Taper（锥化）修改器，单击 Taper 前面的"＋"号并选择 Gizmo，将参数展卷栏中的"数量"设为－1，结果如图 6-54 所示。

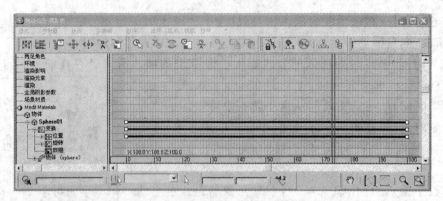

图 6-51 摄影表编辑调整窗口

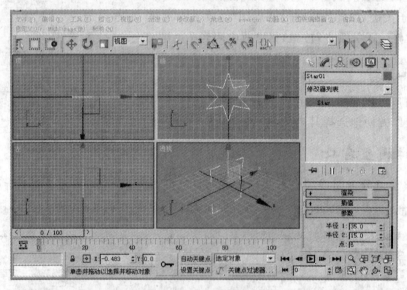

图 6-52 创建五角星

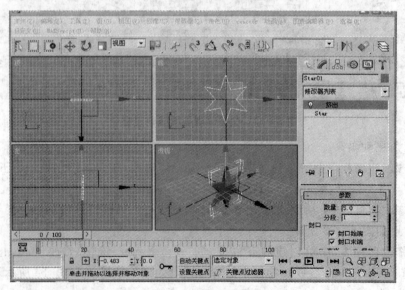

图 6-53 添加"挤出"修改器

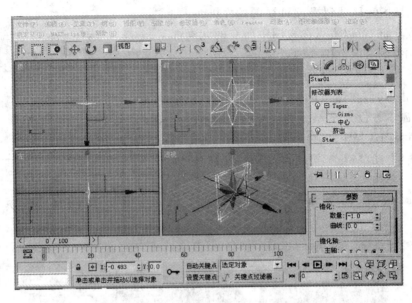

图 6-54 添加 Taper 修改器

(4) 单击"创建面板"按钮，选择"几何体"→"扩展基本体"→"环形波"选项，在前视图创建一个环形波物体，将参数展卷栏中"半径"设为 40，"环形宽度"设为 5，起名为 R01，结果如图 6-55 所示。

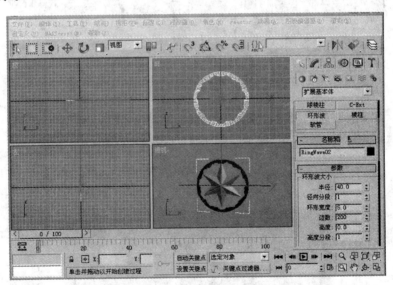

图 6-55 创建环形波物体

(5) 单击工具栏中 (对齐工具)按钮，将五角星和环形波物体中心对齐，然后选择"环形波物体"并单击"对齐"工具，选择五角星，在弹出的"对齐当前选择"对话框中勾选 X、Y、Z 并选择中心对齐，结果如图 6-56 所示。

(6) 单击 (创建面板按钮)，选择"摄像机"( )→"目标摄像机"选项，在顶视图创建一台摄像机，选择透视图并按下键盘上的 C 键，将透视图切换为摄像机 Camera01，结果如图 6-57 所示。

(7) 将鼠标指针移动到摄像机视图的左上角,右击选择显示安全框,可以看见在视图中所有的元素都在摄像机所拍摄的有效范围之内,如图 6-58 所示。

(8) 选择 R01:在工具栏中选择 ✣ 移动工具并按住 Shift 键单击 R01,在弹出的"复制"对话框中选择"复制",并将副本数设为 5,结果如图 6-59 所示。

(9) 在顶视图选择 R02 物体,将时间滑块拖动到第 0 帧并单击"自动关键点"按钮,可以看见时间线以红色显示,然后单击"设置关键点"按钮,再将时间滑块拖动到 70 帧,工具栏中选择移动工具沿 Y 轴移动

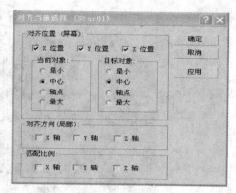

图 6-56 对　齐

-145 个单位,记录关键点,这时可以看见在时间线上增加了两个关键帧,如图 6-60 所示。

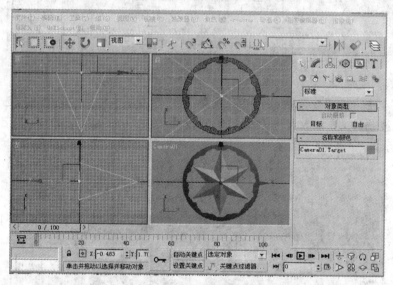

图 6-57 创建目标摄像机

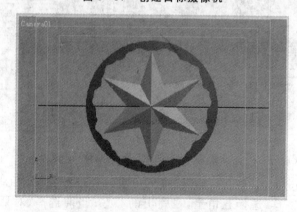

图 6-58 显示安全框

(10) 用同样的方法在顶视图选择 R03、R04、R05 和 R06 物体,分别在 10 帧、20 帧、30 帧和 40 帧设置关键点,拖动时间滑块到 70 帧,工具栏中选择移动工具沿 Y 轴移动-145 个单

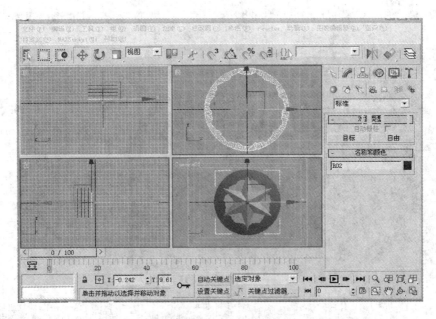

图 6-59 复制副本

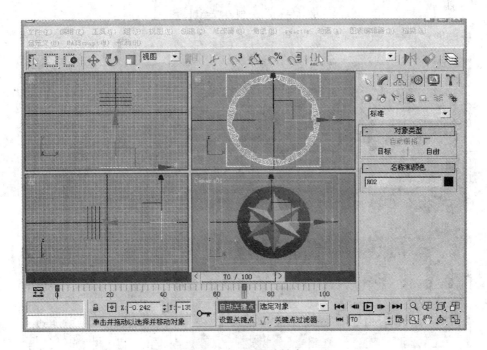

图 6-60 设置关键点

位,单击"播放"按钮,结果如图 6-61 所示。

(11) 在前视图选择五角星物体,将时间滑块拖动到第 0 帧并单击"自动关键点"按钮,可以看见时间线以红色显示。单击"设置关键点"按钮,将时间滑块拖动到 30 帧;用缩放工具将五角星物体缩小 50%,再将时间滑块拖动到 70 帧;用缩放工具将五角星物体放大 50%,再将时间滑块拖动到 100 帧;用旋转工具将五角星物体沿 Z 轴旋转 360°;最后单击"播放"按钮观看动画,结果如图 6-62 所示。

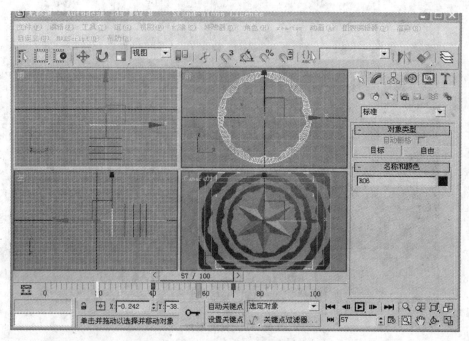

图 6-61 分别设置关键点

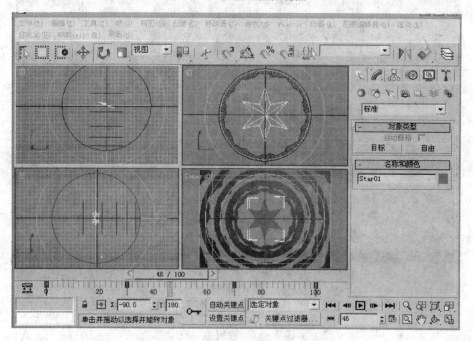

图 6-62 设置五星动画

(12) 选择五角星物体,单击工具栏中的"材质编辑器"按钮,在弹出的的材质编辑器中选择一个材质球,选择 blinn 形式,"漫反射"的颜色红、绿、蓝值分别为 246、14、30,"高光级别"值为 66,"光泽度"值为 18,单击"将材质指定给对象"按钮,如图 6-63 所示。

(13) 选择 R01、R02、R03、R04、R05、R06 物体,在材质编辑器中选择一个材质球,并选择 blinn 形式,设置"漫反射"的颜色红、绿、蓝值分别为 253、111、16,"高光级别"值为 61,"光泽度"值为 32,然后单击"将材质指定给对象"按钮,渲染结果如图 6-64 所示。

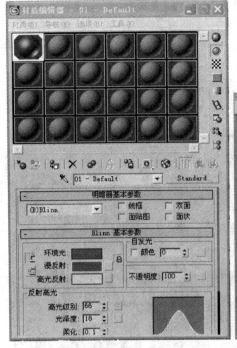
图 6-63 设置五星的材质

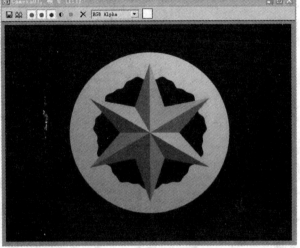
图 6-64 材质指定

(14) 单击工具栏中"曲线编辑器"按钮,弹出如图 6-65 所示对话框。

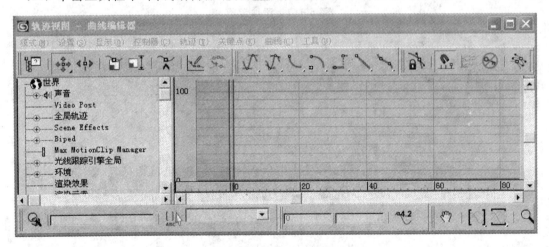
图 6-65 "曲线编辑器"对话框

(15) 在轨迹视图列表中,单击声音前的"+"号选择节拍器,然后右击"选择"属性,在弹出的声音选项卡中单击"选择声音"按钮,加载一个 avi 格式的声音文件,如图 6-66 所示。

(16) 在轨迹视图列表中,单击"声音"前的"+"号选择"波形",可以看见音乐的波形在视窗中的形状,根据创作者的需要添加自己想要的音乐,如图 6-67 所示。

(17) 选择五角星物体,在轨迹视图列表中 Star01 下的旋转 Z 轴选择曲线,调整视窗中的曲线,可以看见五角星物体在做减速运动,并与音乐相匹配,如图 6-68 所示。

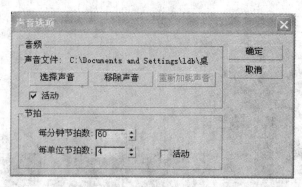

图 6-66 声音选项卡

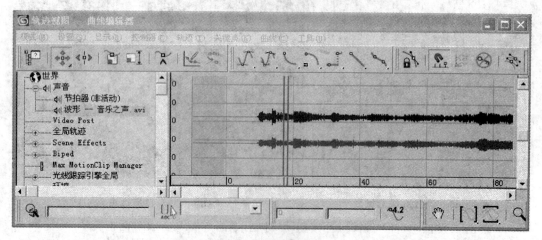

图 6-67 添加音乐

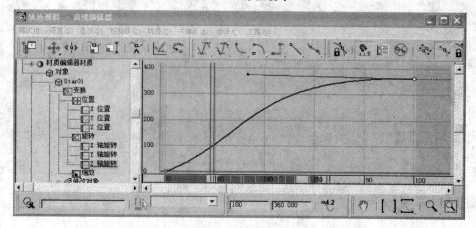

图 6-68 曲线调整

（18）选择 R02 物体，选择轨迹视图列表中 R02 前面的"＋"号，选择"位置"下的 Y 轴，单击轨迹视图工具栏中的 ╲（将切线设为线性按钮），将视窗中的曲线调整为匀速直线形式，如图 6-69 所示。

（19）选择 R03、R04、R05、R06 物体，用同样的方法将视窗中的曲线调整为匀速直线形式，如图 6-70 所示。

（20）在"创建面板"中选择"几何体"→"粒子系统"→"喷射"选项，在前视图创建一个喷射

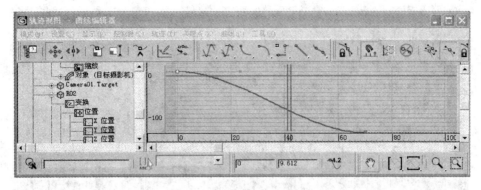

(a) 曲线调整前

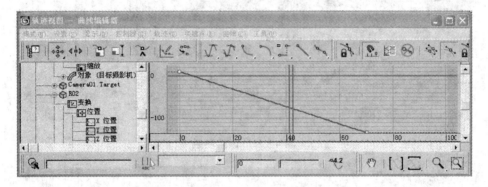

(b) 曲线调整后

图 6-69 RO2 物体的曲线调整

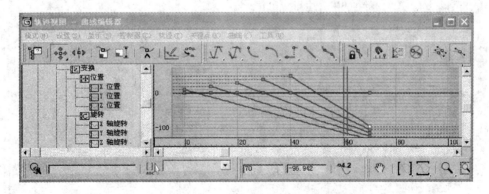

图 6-70 曲线调整为匀速直线形式

粒子,让喷射的方向对着摄像机。其参数设置:"视口计数"和"渲染计数"值均为 5 000;"大小"值均为 1;"速度"值均为 20;"变化值"为 2;"寿命值"为 86;喷射器的"长宽"值为 2。其结果如图 6-71 所示。

(21) 将调整好的 R01 的材质赋予粒子,选择粒子并右击,在弹出的对话框中将"对象 ID"号设为 1,然后单击"确定"按钮,如图 6-72 所示。

(22) 在主菜单的渲染菜单中单击"效果"按钮,在弹出的"环境和效果"对话框中单击"添加"按钮,添加一个镜头效果,如图 6-73 所示。

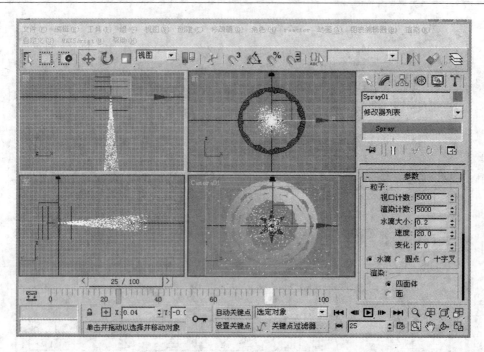

图 6-71 创建喷射

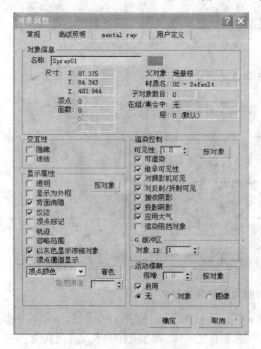

图 6-72 设 ID 号

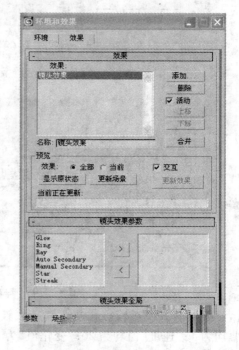

图 6-73 添加镜头效果

(23) 在"镜头效果参数"展卷栏中,选择 Glow 并单击向右的箭头按钮,将 Glow 加载到右边的方框中,拖动面板到光晕元素,在选项卡中勾选"对象 ID"并将 ID 号设为 1,如图 6-74 所示。

(24) 在"参数"选项卡中,将"大小"值设为 0.2,"使用源色"值设为 100,单击"渲染"按钮,如图 6-75 所示。

第 6 章　动画设置

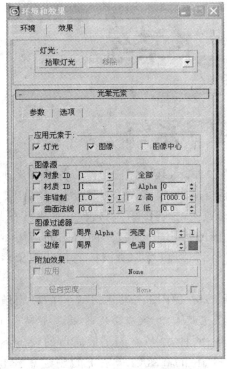

图 6-74　设置"对象 ID"号

图 6-75　调整大小参数

（25）最终输出动画存盘，可以观看命名为五角星的 avi 格式的动画文件"五角星动画.avi"，如图 6-76 所示。

图 6-76　最终效果

思考与练习

（1）如何设置动画的时间长度？
（2）如何设置物体对象的运动循环？
（3）在曲线编辑器中如何加载音乐？根据音乐节奏如何设置物体运动的关键帧？

第 7 章　粒子系统

7.1　关于粒子系统

在 3DS max 中,粒子系统是一个相对独立的造型系统,其优势在于模仿各种自然现象、物理现象。在 3DS max 的早期版本中,粒子系统能够模拟雨、雪、流水和灰尘等。随着 3DS max 的不断升级,粒子系统的功能也越来越强大,现有的粒子系统几乎可以模拟任何富于联想的三维效果:烟云、火花、爆炸、暴风雪或者瀑布。在具体的运用中,通过空间扭曲的运用,对粒子流添加引力、阻挡、风力等仿真影响,来控制粒子的行为,可以增加所模拟的自然现象、物理现象的真实性。

在 3DS max 中,可以控制粒子系统与场景之间的交互作用,以及粒子本身的可繁殖特性。这些特性允许粒子在碰撞时发生变异、繁殖或者死亡,从而产生复杂效果。在早期的 3DS max 版本中,粒子系统只有 Spray(喷射)和 Snow(雪)两种,虽然它们是最简单的粒子系统,但是效果很好,可广泛用于制作流水、喷泉和灰尘。现在的高级粒子系统的创建思想也基于 Spray 和 Snow 的创建原则,只是加强了动画设计师控制粒子行为的功能。

目前,粒子系统技术被广泛用于影视特效、广告制作和三维游戏等方面,特别是在 3DS max 6.0 版本中新增加了 PF 粒子系统,即事件驱动粒子系统。以前的粒子系统都是用发射器来驱动整个粒子系统,而 PF Source 是用事件来驱动粒子系统,事件与事件之间是用最科学的连线方式衔接,通过复杂事件的设计,能组合出几乎是无限种可能的粒子效果,例如 CS 游戏的枪击动画实现。

7.2　粒子系统的类型

如图 7-1 所示,通过生成命令面板可以进入粒子系统的生成操作界面。在 3DS max 9 中,共有 7 种粒子系统。其中,PF Source(粒子流)属于事件驱动粒子系统,而其余 6 种粒子系统属于非事件驱动粒子系统。

1. PF Source

PF Source 即粒子流,它是一种新型、多功能且强大的 3DS max 粒子系统。它通过一种称为粒子视图的特殊对话框来使用事件驱动模型。在粒子视图中,可将一定时期内描述粒子属性(如形状、速度、方向和旋转)的单独操作符合并到称为事件的组中。每个操作符都提供一组参数,其中多数参数可以设置动画,以更改事件期间的粒子行为。随着事件的发生,粒子流会不断地计算列表中每个操作符,并相应更新粒子系统。

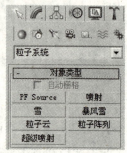

图 7-1　粒子系统

要实现更多粒子属性和行为方面的实质性更改,可创建流。此流通过测试将粒子从一个事件发送至另一个事件,这可用于将事件以串联方式关联在一起。例如,测试可以检查粒子是否已通过特定年龄,移动速度如何以及其是否与导向器碰撞。通过测试的粒子会移至下一事件,而那些没有达到测试标准的粒子仍会保留在当前事件中,可能要经受其他测试。

2. 喷射

"喷射"用于发射垂直的粒子流,可以模拟雨、喷泉、公园水龙带的喷水等水滴效果,也可以用于彗星拖尾效果或在电视片头的包装中实现扫光的视觉特效。

3. 雪

"雪"模拟降雪或投撒的纸屑。雪系统与喷射类似,参数较少,易于控制,但是雪系统提供了其他参数来生成翻滚的雪花,渲染选项也有所不同,可以通过指定多维次物体材质,产生五彩缤纷的效果。

4. 暴风雪

"暴风雪"是雪的高级版本,从发射平面上产生的粒子动画效果效果,能在空中落下时不断旋转、翻滚,可以是标准基本体、变形球粒子或替代几何体,甚至不断发生变形的动画效果。暴风雪可以制作普通的雪景,也可以表现火花喷射、气泡上升、开水沸腾、满天飞花等特殊效果。

5. 粒子云

"粒子云"的特点是限制一个空间,在空间内部产生粒子效果。粒子云可以创建一群鸟、一个星空或一队在地面行军的士兵。可以使用提供的基本体积(长方体、球体或圆柱体)限制粒子,也可以使用场景中任意可渲染对象(只要该对象具有深度)作为体积。二维对象不能使用粒子云。

6. 粒子阵列

将一个三维对象作为分布对象,从它的表面向外发散出粒子阵列。分布对象对整个粒子的宏观形态起决定作用,粒子可以是标准基本体,也可以是其他替代物体对象,还可以是分布对象的外表面。

"粒子阵列"拥有较多的控制参数,根据粒子类型的不同,可以表现出喷发、爆裂等特殊效果。可以很容易地将一个对象炸成带有厚度的碎片,这在特技表现中经常使用,例如地雷爆炸等。

7. 超级喷射

"超级喷射"发射受控制的粒子喷射。此粒子系统与简单的喷射粒子系统类似,只是增加了所有新型粒子系统提供的功能。通过参数控制,可以实现喷射、脱位、拉长、气泡晃动和自旋等多种特殊效果,常用来制作礼花、飞机喷火、潜艇喷水、机枪扫射和喷泉等特效。

7.3 非事件驱动粒子系统

对于3DS max的初学者来说,首先要掌握好非事件驱动粒子系统。下面主要介绍非事件驱动粒子系统的创建方法、常规应用以及主要参数。

7.3.1 创建方法

创建非事件驱动粒子系统主要包括以下几个基本步骤：

（1）创建粒子发射器。所有粒子系统均需要发射器，有些粒子系统使用粒子系统图标作为发射器，而有些粒子系统则使用从场景中选择的对象作为发射器。

（2）确定粒子数。设置出生速率和年龄等参数，以控制在指定时间可以存在的粒子数。

（3）设置粒子的形状和大小。可以从许多标准的粒子类型（包括变形球）中选择，也可以选择要作为粒子发射的对象。

（4）设置初始粒子运动。可以设置粒子在离开发射器时的速度、方向、旋转和随机性。发射器的动画也会影响粒子。

（5）修改粒子运动。可以通过将粒子系统绑定到"力"组中的某个空间扭曲（例如"路径跟随"），进一步修改粒子在离开发射器后的运动，也可以使粒子从"导向板"空间扭曲组中的某个导向板（例如"通用导向器"）反弹。

7.3.2 常规应用

1. 雨和雪

可以使用"超级喷射"和"暴风雪"创建雨和雪。这两个粒子系统针对水滴（"超级喷射"）和翻滚的雪花（"暴风雪"）效果进行了优化，通过添加风力影响等空间扭曲效果可以创建春雨或冬雪效果。

2. 气泡

使用"超级喷射"的"气泡运动"选项可以创建气泡。如果想得到较快的渲染速度，可以考虑使用圆片粒子或四面体粒子。如果需要产生气泡细节，可以考虑使用不透明贴图的面片状粒子、实例球体或变形球粒子。

3. 流水和龙卷风

通过设置"超级喷射"，使用"变形球粒子"设置类型，生成密集的变形球粒子，可以生成流体效果。变形球粒子水滴聚在一起，形成水流。添加"路径跟随"空间扭曲，使水流沿着水槽移动产生流淌的小溪，或使风沿着路径向上旋转形成旋转的龙卷风。

4. 爆炸

使用"粒子阵列"，将一个三维对象作为粒子发射器。可以通过设置粒子类型，使用发射器对象的碎片模拟对象爆炸效果。

5. 体积效果

通过使用"粒子云"，将粒子限制在指定的体积内。可以使用"粒子云"在汽水瓶中生成气泡,或在坛子中生成一群蜜蜂,这是体积效果的常规使用。

6. 群　体

"超级喷射"、"暴风雪"、"粒子阵列"和"粒子云"可以使用实例几何体作为粒子类型。在使用几何体作为粒子类型时,可以创建类似于一窝蚂蚁、一群鸟或一簇蒲公英种子的群体效果。

从以上介绍可以看出,"喷射"和"雪"是早期版本中的粒子系统,其功能完全可以由"超级喷射"和"暴风雪"实现,新版本中只是为了延续性所以保留了"喷射"和"雪"。

7.3.3　主要参数

1. 共有的基本参数

在各种基本粒子系统中,除了各自不同的自身特性外,它们还具有一些共同的参数。

"粒子":控制粒子的尺寸、速度,不同的粒子系统参数设置不同。

"计时":控制粒子的时间参数,包括粒子的产生和消失时间、粒子的寿命(存在的时间)、粒子的流动速度以及加速度等。

"渲染":控制粒子在视图和渲染中分别表现出不同的形态。由于粒子显示影响计算机的运行速度,所以一般以简单的点、线或交叉点来显示。可以设定较少的粒子显示数目,只用于操作观察,而在最终渲染时,会按照真实指定的粒子类型和粒子数目进行着色计算。

"发射器":用于发射粒子,所有的粒子都由它喷出,其位置、面积和方向决定了粒子发射的位置、面积和方向,在视图中显示为黄色,在渲染时发射器自身不会被渲染。

2. "喷射"和"雪"的主要参数

"喷射"和"雪"的主要参数相同,只有少许差异,其参数如图 7-2 所示。

"渲染计数":一个帧在渲染时可以显示的最大粒子数。该选项与粒子系统的计时参数配合使用。

> 如果粒子数达到"渲染计数"的值,则粒子创建将暂停,直到有些粒子消亡。
> 消亡了足够的粒子后,粒子创建将恢复,直到再次达到"渲染计数"的值。

"水滴大小":粒子的大小(以活动单位数计)。

"速度":每个粒子离开发射器时的初始速度。粒子以此速度运动,除非受到粒子系统空间扭曲的影响。

"变化":改变粒子的初始速度和方向。该值越大,喷射越强且范围越广。

"四面体":粒子渲染为长四面体,长度在"水滴大小"参数中指定。四面体是渲染的默认设置。它提供水滴的基本模拟效果。

"面":粒子渲染为正方形面,其宽度和高度等于"水滴大小"。面粒子始终面向摄像机(即用户的视角)。这些粒子专门用于材质贴图(对气

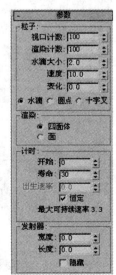

图 7-2　基本参数

泡或雪花使用相应的不透明贴图）。

注意："面"只能在透视视图或摄影机视图中正常工作。

"出生速率"：每个帧产生的新粒子数。如果此设置小于或等于最大可持续速率，则粒子系统将生成均匀的粒子流。如果此设置大于最大可持续速率，则粒子系统将生成突发的粒子。另外，可以为"出生速率"参数设置动画。

"恒定"：启用该选项后，"出生速率"不可用，所用的"出生速率"等于最大可持续速率；禁用该选项后，"出生速率"可用。默认设置为启用。

禁用"恒定"并不意味着"出生速率"自动改变，除非为"出生速率"参数设置了动画；否则"出生速率"将保持恒定。

3. 高级粒子系统的主要参数

在非事件驱动粒子系统中，高级粒子系统相对于喷射和雪的粒子系统而言，它们除了具有基本参数以外，主要还包括"粒子生成"卷展栏、"粒子类型"卷展栏、"旋转和碰撞"卷展栏、"对象运动继承"卷展栏、"气泡运动"卷展栏、"粒子繁殖"卷展栏、"加载/保存预设"卷展栏等几部分，如图7-3所示。

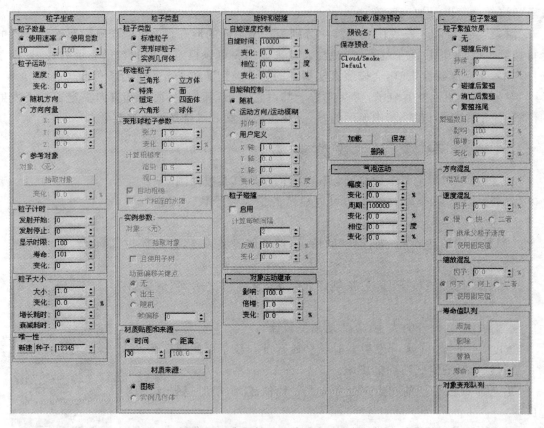

图7-3 高级粒子系统的主要参数

"粒子生成"卷展栏：该卷展栏上的项控制粒子产生的时间和速度、粒子的移动方式及不同时间粒子的大小。

"粒子类型"卷展栏：该卷展栏上的控件可以指定所用的粒子类型及对粒子执行的贴图

类型。

"旋转和碰撞"卷展栏：由于粒子经常高速移动，所以可能需要为粒子添加运动模糊，以增强其动感。此外，现实世界的粒子通常边移动边旋转，并且互相碰撞。"旋转和碰撞"卷展栏上的选项可以影响粒子的旋转，提供运动模糊效果，并控制粒子间碰撞。

"对象运动继承"卷展栏：每个粒子移动的位置和方向由粒子创建时发射器的位置和方向确定。如果发射器穿过场景，则粒子将沿着发射器的路径散开。使用"对象运动继承"卷展栏上的选项，可以通过发射器的运动影响粒子的运动。

"气泡运动"卷展栏：该卷展栏提供了在水下气泡上升时所看到的摇摆效果。通常，将粒子设置为在较窄的粒子流中上升时会使用该效果。气泡运动与波形类似，气泡运动参数可以调整气泡"波"的振幅、周期和相位。

注意：气泡运动不受空间扭曲的影响，因此可使用空间扭曲控制粒子流的方向，而不改变局部的摇摆气泡效果。

提示：粒子碰撞、导向板绑定和气泡噪波不能很好的配合使用。如果这3个选项同时使用，则粒子可能会漏过导向板。应使用动画贴图取代气泡运动。对气泡的动画贴图应使用面粒子，其中的气泡小于贴图大小。气泡在贴图周围移动，形成动画。这是以贴图级别模拟气泡运动。

"粒子繁殖"卷展栏：该卷展栏上的选项可指定粒子消亡或粒子与粒子导向器碰撞时粒子会发生的情况。使用此卷展栏上的选项可以使粒子在碰撞或消亡时繁殖其他粒子。

"加载/保存预设"卷展栏：该卷展栏上的选项可以存储预设值，以便在其他相关的粒子系统中使用。例如，在设置了粒子阵列的参数并使用特定名称保存后，可以选择其他粒子阵列系统，然后将预设值加载到新系统中。

7.4 粒子系统制作实例

粒子系统结合空间扭曲可以模拟各种自然现象，在动画制作中是非常重要的内容之一。下面介绍利用粒子阵列制作油桶倒水的动画实现方法。

(1) 制作实例名称：粒子阵列-油桶倒水。
(2) 制作效果：如图 7-4 所示。

图 7-4 油桶倒水效果图

(3) 制作思路：

本实例用于模拟处于倾斜状态的油桶因为受到重力影响，其中的液体流出的效果。在制作中，采用"粒子阵列"发射粒子，当然也可以使用"超级喷射"，两种粒子系统在使用上有所区别，但都可以实现这一效果。

制作时除了运用粒子阵列外，要模拟重力对液体的影响需要使用空间扭曲中的重力，要模拟地面对液体的阻挡效果需要使用导向板。同时，为了模拟液体涌出的效果，利用轨迹视图增加了速度上的噪波控制。

(4) 制作步骤：

① 利用第3章模型制作的内容，制作出如图7-5所示的场景。其中地面利用平面生成，木板是标准长方体，油桶利用二维元素车削生成。

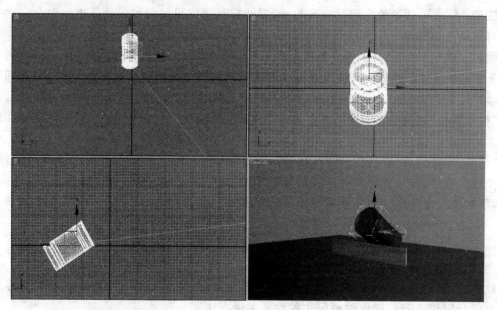

图7-5 基本场景

② 打开生成面板中的粒子系统，在视图中产生粒子阵列。对于粒子阵列而言，发射器是粒子系统存在的标志，但其位置、大小对最终效果没有影响。其效果如图7-6所示。

③ 如图7-7所示，油桶的开口处有一圆柱体，其大小与口相同，用于发射粒子。选中粒子阵列的发射器，单击基本参数中的"拾取对象"按钮，然后按下键盘上的H键，弹出"拾取对象"对话框，选择Circle01物体（油桶开口处的圆柱体）。这样，就把选择的圆柱体作为了粒子的发射对象。

④ 拖动屏幕下方的时间轴滑块，可以看到粒子的发射情况，粒子的运动轨迹不符合最终要求。这是因为在默认情况下，粒子阵列从选定对象的整个表面发射粒子，发射方向为沿多边形的法线方向，如图7-8所示。

⑤ 在基本参数的"粒子分布"选项中，勾选"使用选定子对象"项，如图7-9所示。粒子应只从油桶的口中向外发射，为此，要创建一个子对象选择。

⑥ 在勾选了"使用选定子对象"项后，为了控制粒子的速度、数量及发射的时间，应设定"粒子生成"中的参数：粒子数量使用"使用速率"方式，值为50；粒子运动"速度"为10；"发射

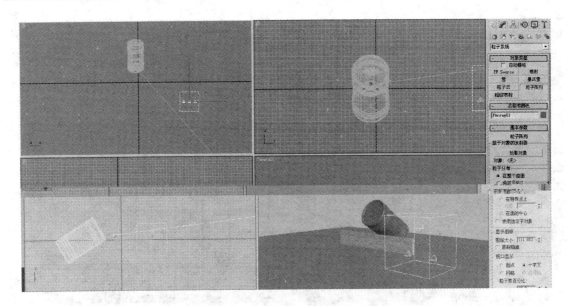

图 7-6 加入粒子阵列

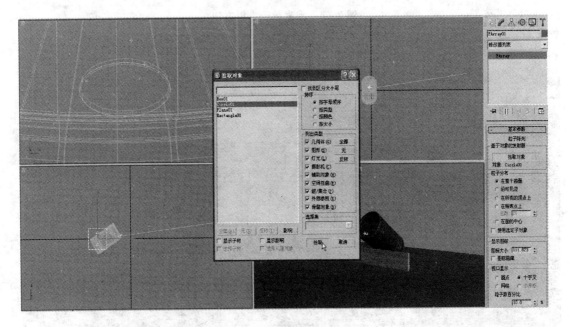

图 7-7 选取粒子发射器

停止"为 100;"显示时限"为 100,如图 7-10 所示。

⑦ 接下来选定发射器对应的子对象,选中油桶口部的圆柱体,进入可编辑网格物体的多边形级别,选中如图 7-11 所示的"面",再次拖动时间滑块,可以看到现在粒子发射的方向已经符合要求了。

⑧ 按照最终要求,粒子受到重力影响会在发射的过程中向下坠落,如图 7-12 所示,进入生成系统中的空间扭曲面板,在顶视图中加入重力。

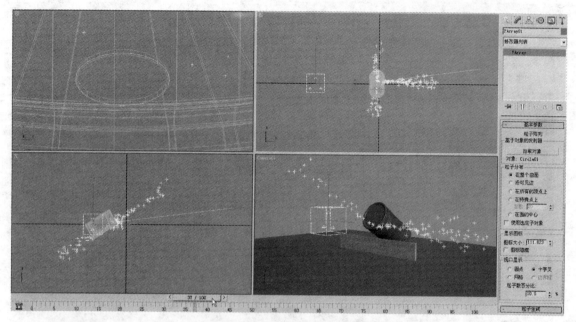

图 7-8 观察粒子发射方向

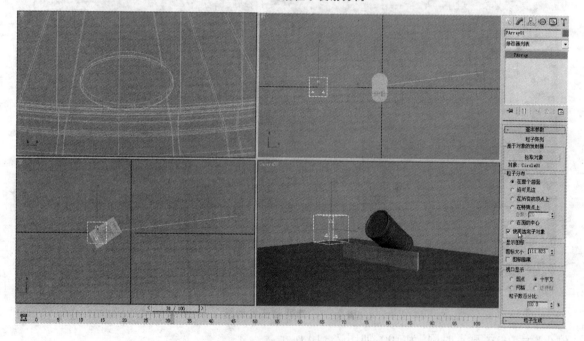

图 7-9 创建子对象选择

⑨ 如图 7-13 所示，使用工具栏上的 ■（绑定工具），把粒子阵列绑定到重力，使粒子受到重力的影响。从图中可以看出，因为重力的作用，粒子在发射中会向下坠落。

⑩ 如图 7-14 所示，加入重力后，因为受到重力的影响，粒子会坠落并穿过地面，这同样不符合最终要求。因为在地面的作用下，粒子不能穿过地面，这需要使用导向板来解决。

⑪ 如图 7-15 所示，在生成面板的空间扭曲中选择导向板，在顶视图中画出导向板的大小，使之与地面相符。

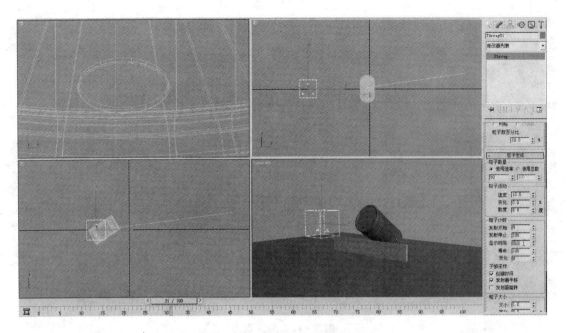

图 7-10 调整粒子基本参数

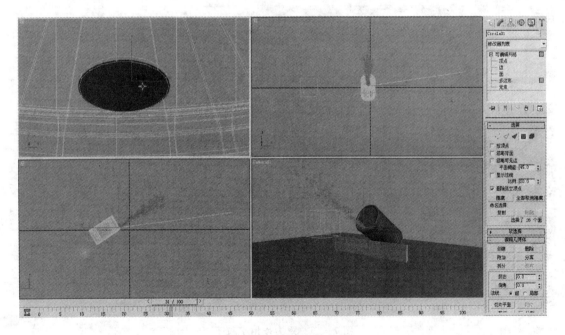

图 7-11 调整发射方向

⑫ 与某些种类的空间扭曲不同,导向板图标的大小和位置会影响场景的效果。在本实例中,导向板会控制使粒子偏转的区域。导向板并不渲染,但其放置会影响粒子相互作用。如图 7-16 所示,利用移动工具使导向板符合要求。

⑬ 使用工具栏上的 (绑定工具),从粒子阵列粒子系统拖至导向板空间扭曲。当鼠标变化时表示绑定有效,释放鼠标按钮。如果导向板空间扭曲暂时高亮显示,则表示此操作已完成。其效果如图 7-17 所示。

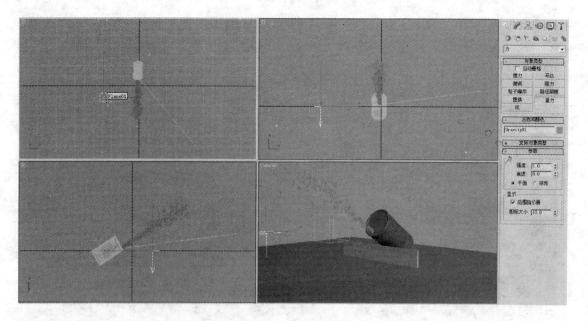

图 7-12　加入重力

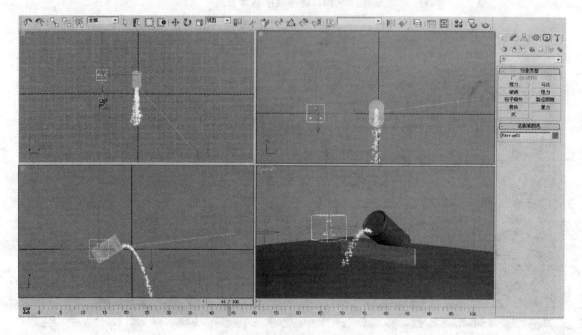

图 7-13　重力作用于粒子

⑭ 拖动时间滑块观察当前的动画效果,由于粒子受到导向板的弹力较大,所以会出现如图 7-18 所示的波浪效果。

⑮ 如图 7-19 所示,调小导向板的"反弹"值,再次拖动时间滑块观察当前的动画效果,可以看到当前的粒子效果已经符合要求。

⑯ 如图 7-20 所示,增大导向板的"摩擦力"值,把数值由 0 改为 6,可以看到当粒子滑过导向板表面时,增加的摩擦力会使这些粒子最终停止运动。

第 7 章 粒子系统   237

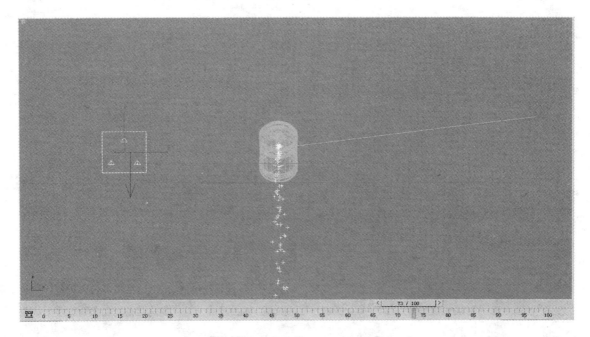

图 7-14 重力作用于粒子的效果

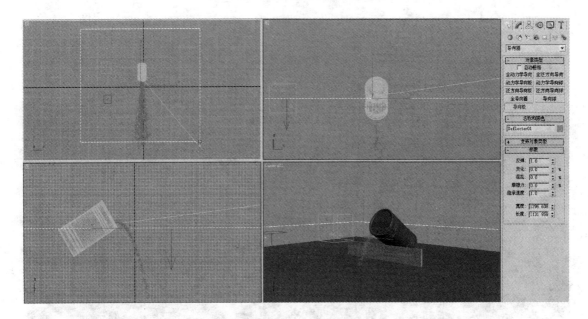

图 7-15 加入导向板

⑰ 现在从油桶中流出的液体是匀速的,为了增加真实感可以加入水流涌动的效果。要模拟涌动,可以对"粒子阵列"系统的"速度"参数设置动画。通过"Bezier 浮点"控制器与"噪波"控制器结合使用,将一些随机性应用于"速度",可以实现脉冲运动。如图 7-21 所示,在修改面板中,选中粒子系统的最底层级别,右击参数面板中的"速度"项,选择"在轨迹视图中显示"选项,用来打开轨迹视图,进行相应控制器的指定操作。

⑱ 如图 7-22 所示,打开了轨迹视图,选中"对象"中的"速度"选项。

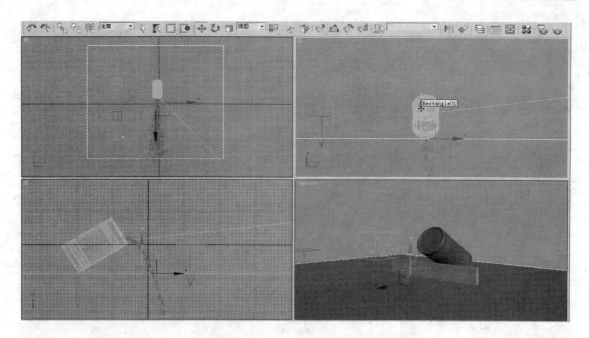

图 7-16 调整导向板的空间位置

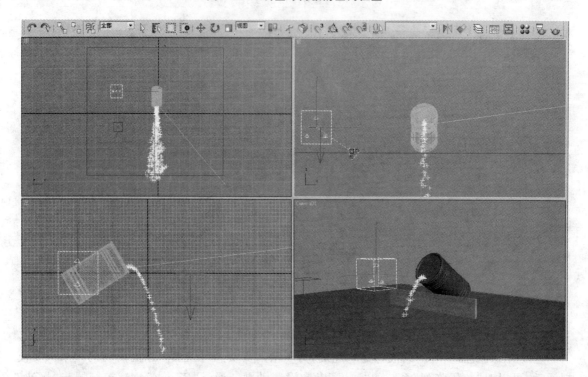

图 7-17 把粒子绑定到导向板

⑲ 如图 7-23 所示,选择轨迹视图菜单中的"控制器",从中选择"指定",以打开"指定浮点控制器"对话框。

⑳ 如图 7-24 所示,从"指定浮点控制器"对话框中选择"Bezier 浮点"。

㉑ 如图 7-25 所示,再次选择"控制器"菜单中的"指定"项,并从"指定浮点控制器"对话

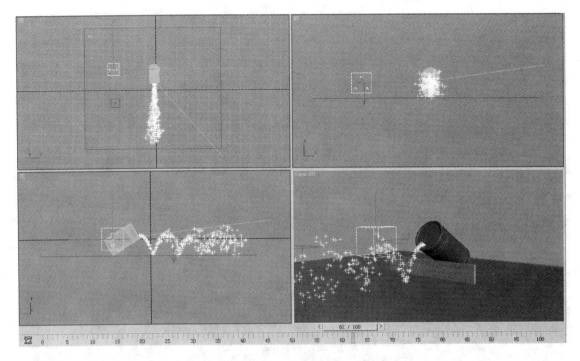

图 7-18 受重力与导向双重影响的效果

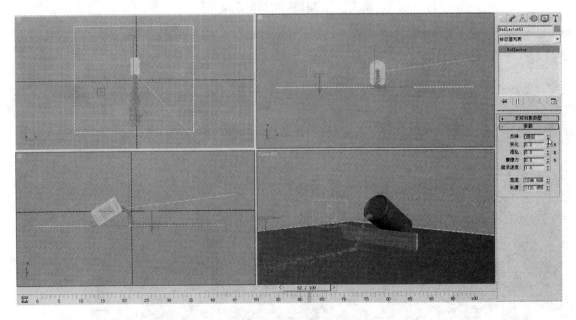

图 7-19 调整导向板的"反弹"值

框中选择"浮点列表"。"浮点列表"是合并控制器值的列表控制器。如果在轨迹视图中展开"速度"层次,则标记为"可用"的轨迹会出现在"速度"轨迹的底部。

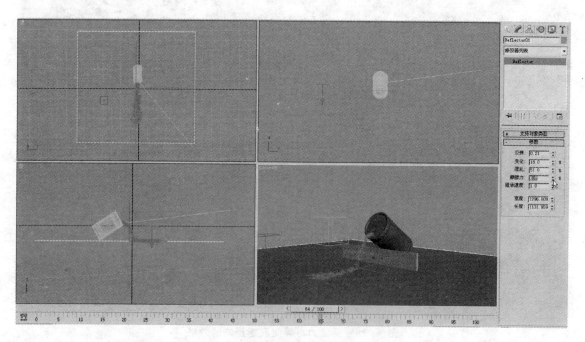

图 7-20 增加导向板的摩擦力

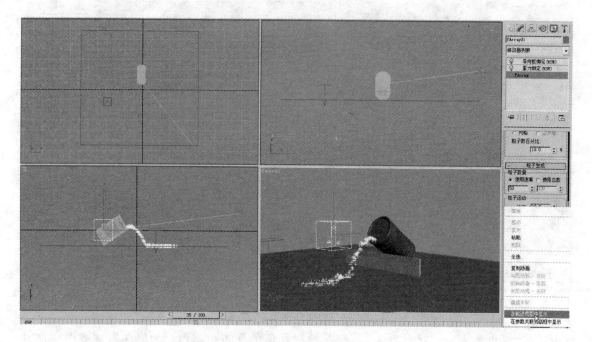

图 7-21 打开轨迹视图

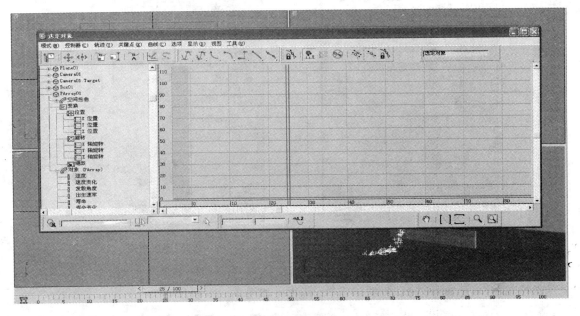

图 7-22 打开轨迹视图中的"速度"控制项

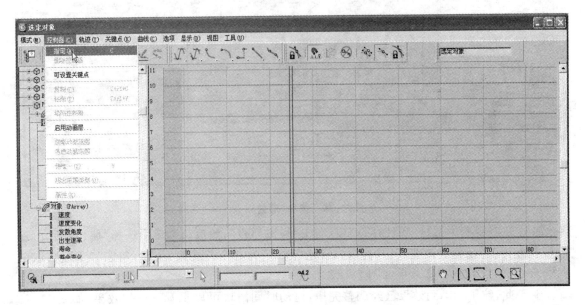

图 7-23 控制器的指定

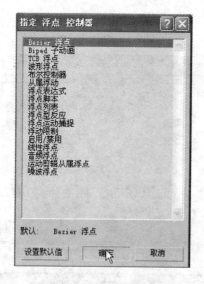 

图7-24　指定浮点控制器　　　　图7-25　选择"浮点列表"

㉒ 单击"可用"轨迹，使其高亮显示，然后再次选择"控制器"菜单中的"指定"项，并从"指定浮点控制器"对话框中选择"噪波浮点"。其效果如图7-26所示。

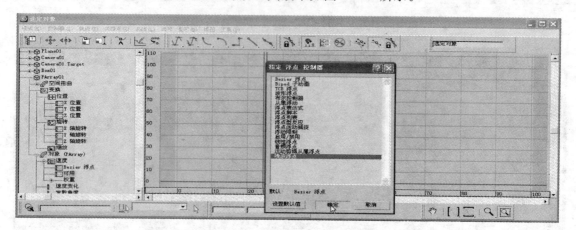

图7-26　选择"嘈波浮点"

㉓ 在轨迹视图中选择"噪波浮点"项，右击"噪波浮点"，然后从菜单中选择"属性"项，出现"噪波控制器"对话框。改变其中的参数，设定"频率"为0.2，"强度"为10，勾选"＞0"项，取消对"分形噪波"的勾选。其效果如图7-27所示。

㉔ 至此，粒子的动画效果已经调整完毕，拖动时间滑块可以观看正确的效果，如图7-28所示。

㉕ 最后是粒子显示效果的调整以及材质的编辑。设定粒子类型为标准粒子，并选择"面"方式。设定粒子的"大小"为4，"变化"为25%，当前显示效果如图7-29所示。

㉖ 粒子材质的编辑：打开材质编辑器，选择新的材质样本球，设定粒子的漫反射颜色，指定"高光级别"为137，"光泽度"为62，如图7-30所示。

㉗ 指定粒子材质的不透明度帖图，贴图类型为渐变贴图，渐变类型为"径向"方式；指定粒

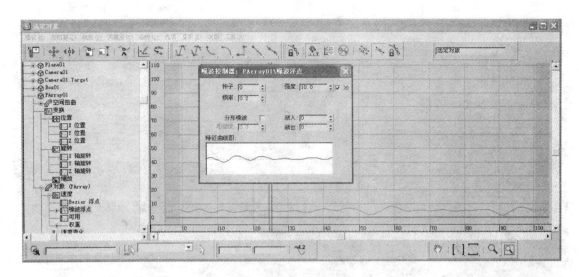

图 7-27 调整噪波效果

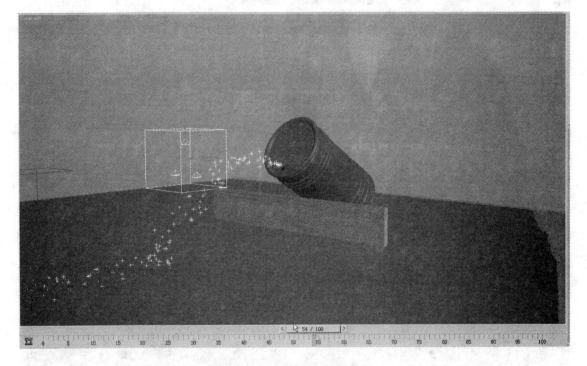

图 7-28 调整后的最终效果

子材质的漫反射帖图,贴图类型为遮罩贴图,在"遮罩参数"中选择"渐变"贴图类型,指定"渐变"方式为"径向",效果如图 7-31 所示。

㉘ 对当前的静帧进行渲染,观看材质的表现,效果如图 7-32 所示。

㉙ 使用"图像运动模糊"加强水流的显示效果,选择"粒子阵列"并右击,从菜单中选择"对象属性",以打开"对象属性"对话框,效果如图 7-33 所示。

㉚ 在"对象属性"对话框的"运动模糊"部分中,单选"图像"项,勾选"启用",这样就完成了图像运动模糊的控制,如图 7-34 所示。

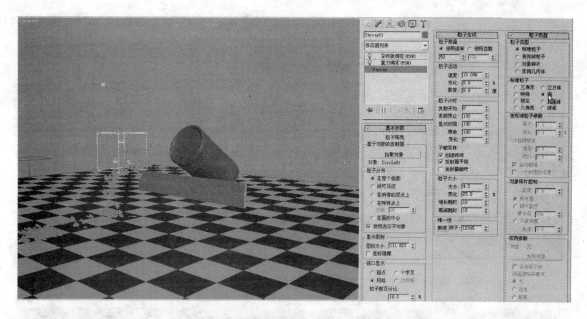

图 7-29 选择粒子的渲染效果

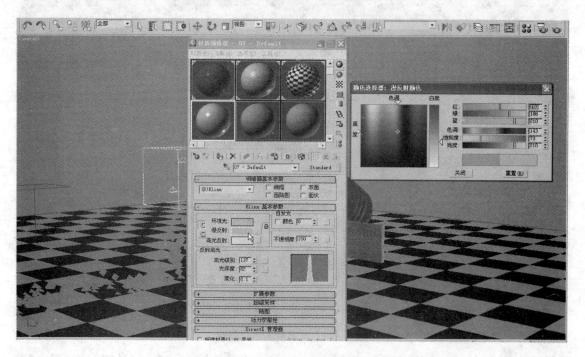

图 7-30 编辑粒子材质

㉛ 最后,在渲染设定中进行动画渲染参数的设定,完成整个动画的制作。图 7-35 所示为最终效果。

(5) 制作总结:

通过利用粒子阵列制作水流效果的模拟,本实例对建模、材质、粒子系统及轨迹视图各部分进行了综合运用。粒子系统是三维动画制作中的一个特殊部分,往往与空间扭曲结合起来,

第 7 章 粒子系统

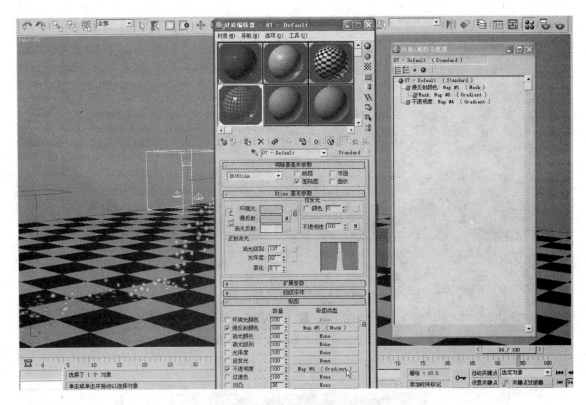

图 7-31 编辑粒子材质贴图

图 7-32 静帧渲染效果

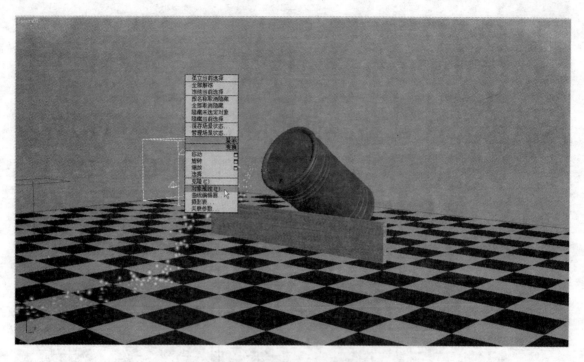

图 7-33 增加粒子模糊效果

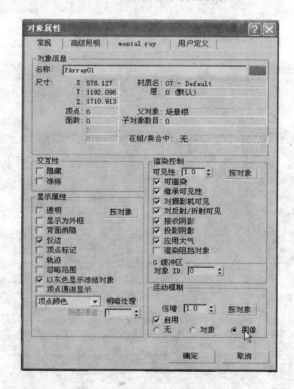

图 7-34 "对象属性"对话框

可模拟各种风、云、雨、电等自然现象和各种物理现象,特别是对于事件驱动粒子系统而言,其功能更是强大。

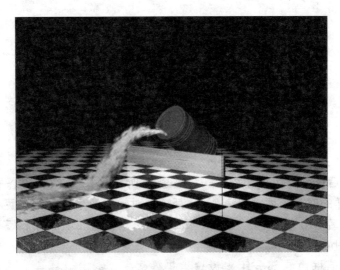

图 7-35 最终效果

在本实例的制作中运用了"粒子阵列",运用"超级喷射"同样可以实现相同的效果。总体而言,现有的粒子系统中,"超级喷射"、"粒子云"和"粒子阵列"功能强大,应该重点掌握。同时,在制作粒子系统动画时,应注意整个软件系统的综合运用,只有系统化、全面化考虑才能实现真实的效果。

思考与练习

(1) 粒子系统的类型有哪些?每种类型在实际应用中能产生哪些特殊效果?

(2) 理解非事件驱动型粒子系统制作效果的基本流程,掌握主要命令操作方法,参照本章实例自己制作水的喷涌效果或油漆桶中倒出油漆的场景效果?

第 8 章 动画输出

8.1 设置输出属性参数

动画调整好之后就需要渲染输出了。在这个环节中,不管是输出动态的图像还是静态的图像,最终以什么样的成品来展现给创作者,都需要对输出的文件进行设置。这种设置一般都是在"渲染场景"对话框中完成的。在3DS max 9中,单击主工具栏上的 按钮,即可弹出渲染场景对话框,如图8-1所示。

"渲染场景"对话框由5部分用来设置渲染效果的卷展栏构成,分别是"通用"卷展栏、"渲染"卷展栏、"渲染元素"卷展栏、"光线跟踪"卷展栏和"高级照明"卷展栏。其中"光线跟踪"卷展栏和"高级照明"卷展栏已在第5章介绍过,这里不再赘述。下面只介绍"通用"卷展栏、"渲染"卷展栏和"渲染元素"卷展栏中的常用参数属性。

1. "通用"卷展栏

"通用"卷展栏用来设置所有渲染级别共有的参数。

"时间输出":该选项组用来设置渲染的时间,如果是单帧图,就用默认的单一;如果是动画,则根据3DS max 9中的时间长度来确定时间的输出范围;如果在测试期间,则可以用间隔帧进行渲染(如设置每5帧或每10帧渲染一次,也可以选择奇数帧1、3、5、7、9…或偶数帧2、4、6、8、10…渲染)。

"输出尺寸":该选项组用来设置渲染图像的大小和比例。不同的播放媒体所选择的输出尺寸是不一样的。应确保"图像纵横比"为1.333,"像素纵横比"为1,来确定图像的宽度和高度。单击自定义下拉菜单可以选择创作者所需要的视频文件类型,如图8-2所示。

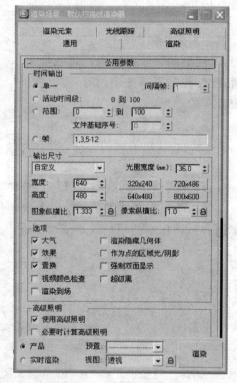

图8-1 "渲染场景"对话框

"选项":该选项组用来激活或不激活不同的渲染选项,可以检验增加的效果在渲染时是否存在。如果大气效果在场景里添加了,但在渲染时未勾选,则最终的效果是看不见的。

"高级照明":该选项组用来设置光能传递情况,如果不勾选,那么光能传递效果将无法实现。

"渲染输出":该选项组用来设置渲染输出文件的保存路径和文件类型。

2. "渲染"卷展栏

"渲染"卷展栏是"渲染场景"对话框中的"默认渲染器"卷展栏,如图8-3所示。

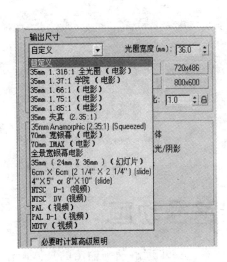

图8-2 视频文件类型

图8-3 "默认渲染器"卷展栏

"选项":该选项组对贴图、阴影、自动反射折射和平面镜反射、强制线框及使用SSE的渲染结果进行不同的设置。

"抗锯齿":该选项组分别控制抗锯齿和抗锯齿贴图过滤器。

"全局超级采样":该选项组控制图像的质量,结合全局光照勾选全局超级采样后,渲染速度会减慢,质量会增加。

"物体运动模糊":该选项组控制全局的运动模糊效果。一般情况下,物体没有运动模糊,必须在运动模糊选项中进行设置,才会生成效果。

"图像运动模糊":该选项组依照时间来控制对象的模糊效果。

"自动反射折射贴图":该选项组控制反射表面的反射次数,数值越大,反射的范围就越大,时间就会越长,效果越好。

"内存管理":该选项组控制内存的使用情况。

3. "渲染元素"卷展栏

"渲染元素"卷展栏对后期制作非常重要。它可以灵活地控制合成的元素,可以将场景中的每个元素以层的方式单独渲染保存,而对一些单独元素,通过后期制作可达到通常无法实现的效果,如图8-4所示。

单击渲染元素的"添加"按钮,创作者可以添加自己需要的元素。元素列表如图8-5所示。

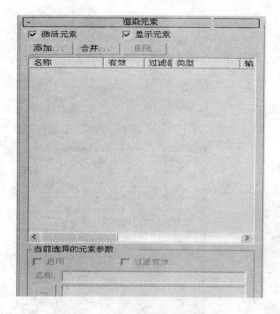

图8-4 "渲染元素"卷展栏

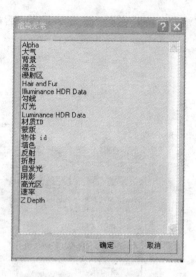

图8-5 元素列表

8.2 输出路径动画

下面通过"室内漫游效果"这样一个具体实例来进一步理解动画输出的具体操作。

(1) 打开配套光盘的"第8章/室内漫游模型.max"文件，如图8-6所示。

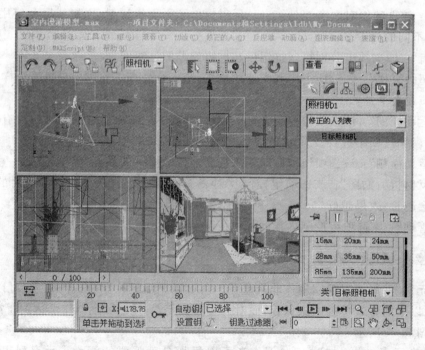

图8-6 场景模型

(2) 通过渲染,效果如图 8-7 所示。

图 8-7 渲染效果

(3) 单击"时间配置"按钮,将动画的时间长度改为 500 帧,调整结果如图 8-8 所示。

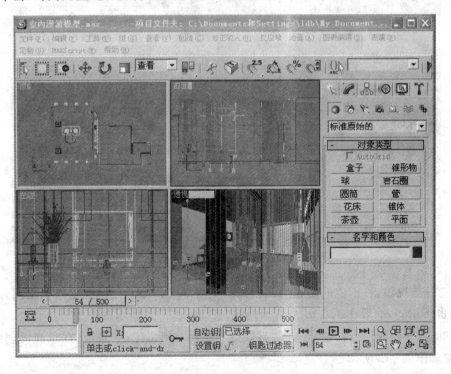

图 8-8 设置时间长度

(4) 单击 (创建面板按钮),选择"二维曲线"→"线命令"选项,在顶视图创建一条路径线,调整结果如图 8-9 所示。

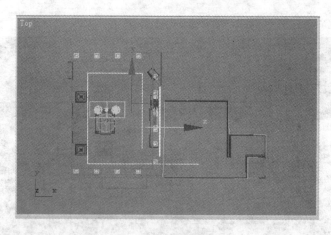

图 8-9 创建路径线

（5）选择堆栈器下的顶点方式，再选择创建路径线上的点，将路径线上的点倒圆角，然后单击"头带"按钮，将其参数调整为 1 200，调整结果如图 8-10 所示。

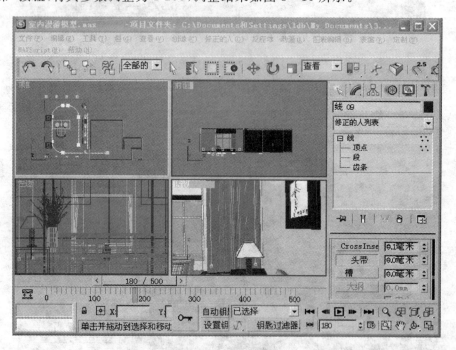

图 8-10 倒圆角

（6）选择前视图，将创建的路径线调整到适当的高度。由于人的视觉高低不同，因此路径线的高低也不相同，一般在 1.6 m 左右，调整结果如图 8-11 所示。

（7）单击 （创建面板按钮），选择"摄像机"→"自有摄影像机"选项，在顶视图创建一台摄像机，结果如图 8-12 所示。

（8）现在可以看见在顶视图创建了一台摄像机。由于观看其他视图时摄像机的方向是不正确的，因此用旋转工具调整摄像机的位置和角度，调整结果如图 8-13 所示。

（9）在顶视图中选择摄像机，单击 （运动面板按钮），为摄像机加载路径约束，选择"赋

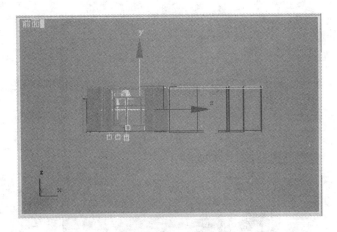

图 8-11 调整路径线

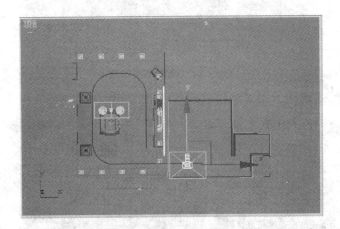

图 8-12 创建摄像机

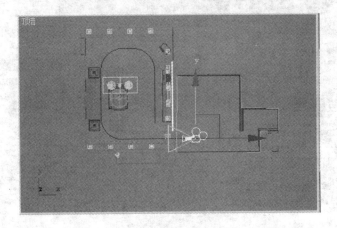

图 8-13 调整位置和角度

值管理"→"位置"→"位置管理器"→"路径约束"选项,单击"确定"按钮,如图 8-14 所示。

(10) 拖动堆栈器,在堆栈器中可以看见路径参数,选择"增加路径"并单击顶视图,就可以看见光标已变成十字形,拾取创建的路径线,这时路径线已添加给摄像机了,在"路径参数"展

图 8-14 选择路径约束

卷栏下的"目标重量"中增加了创建路径线的名称,如图 8-15 所示。

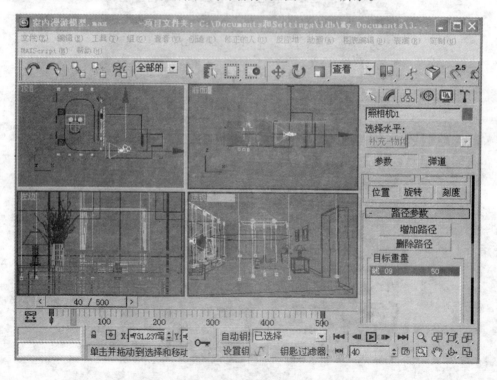

图 8-15 添加路径线

(11) 现在可以看见摄像机已经自动移动到路径线上,在时间线上可以看见在 0 帧和 500 帧的位置上分别记录了两个关键点。在透视图中按下键盘上的 C 键,将视图切换到摄像机视图,单击"播放"按钮,可看到如图 8-16 所示的动画。

第 8 章 动画输出

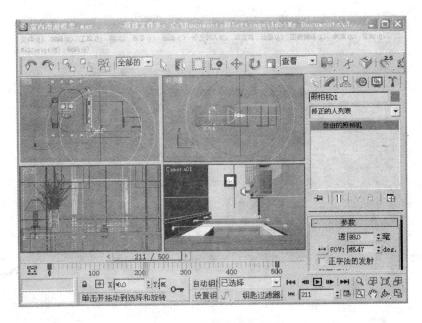

图 8-16 切换摄影机视图

（12）现在看见的场景物体运动不正确，需要调整摄像机的角度。选择摄像机，在顶视图用旋转工具沿 X 轴旋转 90°，可以看见摄像机视图中场景处于正确位置，如图 8-17 所示。

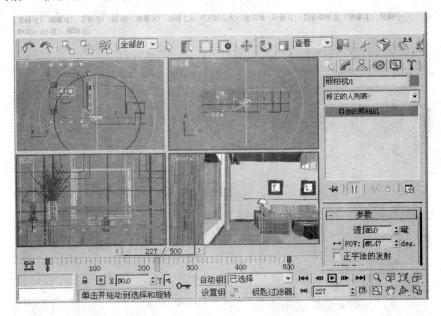

图 8-17 调整摄像机角度

（13）此时，动画基本路径已经做好，但与现实中所看见的场景运动不相符，对摄像机在拐弯处需进一步调整。拖动时间滑块到第 0 帧，将路径选项下往前路径的参数设为 0，移动时间滑块到 70 帧，单击"动画记录"按扭，在顶视图选择摄像机用旋转工具沿 Z 轴旋转 -10°。用同样的方法分别在 100 帧、 120 帧、 135 帧、150 帧、170 帧、200 帧、230 帧、280 帧、320 帧、350 帧和 380 帧沿 Z 轴旋转 -15°、-10°、-20°、-15°、-25°、-20°、-30°、-30°、-20°、-40°和

—25°,设置好关键帧,如图8-18所示。

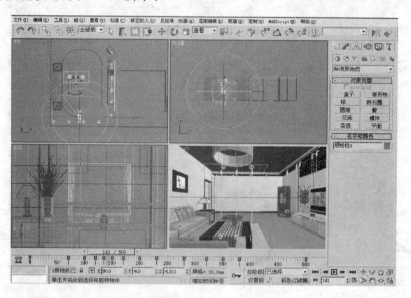

图8-18 设置关键帧

(14)至此,室内漫游动画的基本设置已经结束,下面对设置好的动画文件进行输出。单击"渲染设置"按钮,弹出如图8-19所示的对话框。

(15)设置动画范围为0～500帧,"输出大小"为800×600,如图8-20所示。

图8-19 "渲染设置"对话框

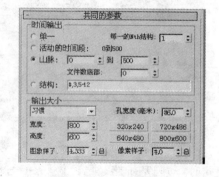

图8-20 设置输出参数

(16)设置好时间范围和图像尺寸后,单击输出栏中的"文件"按钮,弹出如图8-21所示的对话框。

(17)在"输出文件"对话框中,选择保存路径,文件名为"室内漫游动画.avi",如图8-22

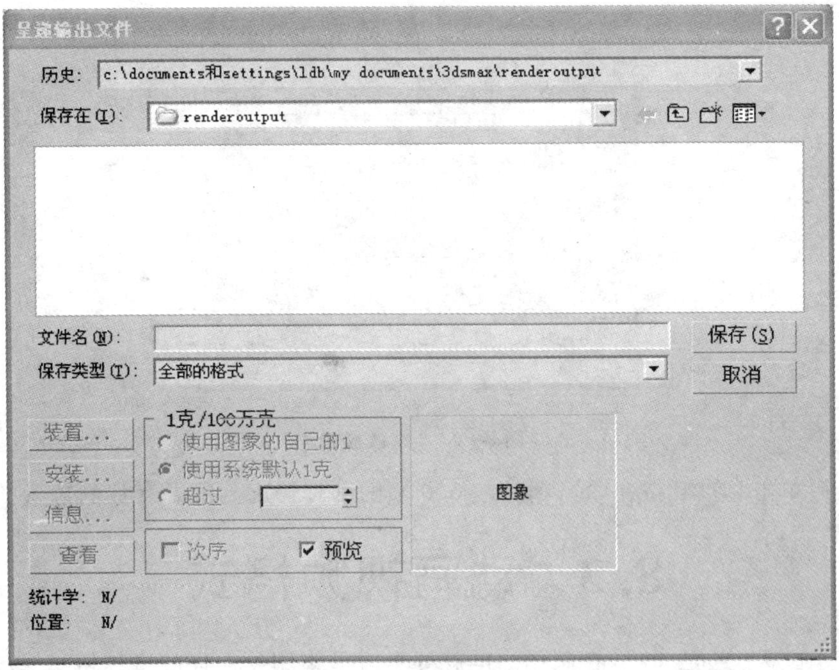

图 8-21 "输出文件"对话框

所示。

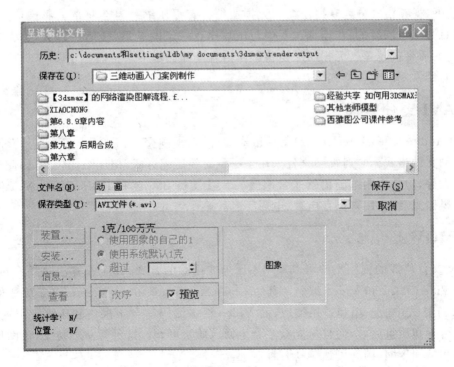

图 8-22 输出路径及格式

（18）单击"保存"按钮，在弹出的对话框中选用默认形式，然后单击"确定"按钮，如图 8-23 所示。

图 8-23 默认形式

(19) 最后单击"渲染"按钮,可以将 0~500 帧的动画输出到想要存放的位置。

8.3 动画视频格式

不管是动画短片还是长片,在制作之前就要考虑最终用什么样的文件格式,以免在后期制作时带来麻烦。对输出为序列帧还是视频文件也要做到心中有数。需要输出的分辨率可以按照自己的实际需要制定,在非线性编辑时可以根据客户需求输出不同的文件格式。在 Windows 系统下,视频格式分为有损压缩和无损压缩。有损压缩就是会将部分影像信息丢失,所丢失的信息是不可恢复的,在压缩过程中与压缩比有一定的关系,压缩比越大,丢失的数据就越多,最终的质量就越差。无损压缩是将影像信息全部保留下来。

下面介绍常用的文件格式。

1. AVI 文件格式

AVI(Audio Video Interleaved)文件格式即音频、视频交错格式,是将语音和影像同步组合在一起的文件格式。它对视频文件采用了一种有损压缩方式,但压缩比较高,因此尽管画面质量不是太好,但其应用范围仍然非常广泛。AVI 支持 256 色和 RLE 压缩。AVI 信息主要应用在多媒体光盘上,用来保存电视、电影等各种影像信息。

2. MOV 文件格式

MOV 文件格式的视频文件可以采用不压缩或压缩的方式,其压缩算法包括 Cinepak、Intel Indeo Video R3.2 和 Video 编码。其中 Cinepak 和 Intel Indeo Video R3.2 算法的应用和效果与 AVI 格式中的应用和效果类似,而 Video 格式编码适合于采集和压缩模拟视频,并可从硬盘平台上高质量回放,而且从光盘平台上回放质量可调。这种算法支持 16 位图像深度的帧内压缩和帧间压缩,帧率可达 10 帧/秒以上。

3. MPEG 文件格式

MPEG 文件格式是视频压缩的一种基本格式,其压缩方式是将视频信号分段采样。

MPEG 标准的视频压缩编码技术,主要利用了具有运动补偿的帧间压缩编码技术,以减小时间冗余度;利用 DCT 技术,以减小图像的空间冗余度;而利用熵编码,则在信息表示方面减小了统计冗余度。这几种技术的综合运用,大大增强了压缩性能。

4. DVD 文件格式

DVD 文件格式采用 MPEG2 进行视频压缩,但这并不意味着能播放 DVD 的软件就可以播放 HDTV。这是因为 DVD 采用的是 MPEG2－PS 格式,即 MPEG2 Program Stream,主要用来存储固定时长的节目;而 HDTV 采用的是 MPEG2－TS 格式,即 MPEG2 Transport Stream,它是一种视频流格式,主要用于实时传送节目。因此要播放 HDTV 视频源,不仅需要播放器有 MPEG2－TS 解码插件,而且还必须有专门的 HDTV 分离器。

8.4　网络渲染

对动画制作工作者来说,大家都知道动画是分为若干个镜头来渲染合成的。其特点就是在渲染环节需要花的时间较长,都是以分钟来计算的,对计算机的配置要求较高,从而给单机渲染造成很大的压力。为了加快渲染的速度,除了在建模和材质的折射反射中进行优化,还可以进行网络渲染。3DS max 的网络渲染功能十分强大,网络渲染的原理就是使用两台以上的计算机,利用局域网对一个场景同时进行渲染,让所有的计算机一块参加计算,每台计算机计算一帧图片,计算好后空闲的计算机会自动找到还没有计算的图片进行计算,这样就让原本需要计算 n 个钟头的动画序列的计算量,平均分配到了网络中的 n 台计算机中去了,从而提高了渲染的速度。

在网络渲染中,通常选择一台磁盘空间较大、计算速度较快的计算机作为服务器,负责控制和分配渲染任务到局域网中参加渲染的其他计算机。这台服务器同样参与渲染工作,只是多了一项控制和分配的任务。如果在渲染过程中有一台计算机出现问题,则服务器将会重新分配给其他计算机进行渲染。

在网络渲染中,因大多数 max 插件都不支持网络渲染,所以在渲染之前需要参与网络渲染的计算机都要安装相应的插件;否则渲染时会出错。

思考与练习

(1) 动画通常以何种方式输出?动画输出的格式是如何设置的?
(2) 根据不同的播放媒介,如何选择输出不同的制式及图形尺寸大小?

第 9 章 动画的后期合成

9.1 合成的基本原理

在动画的实际制作中，无论是动画短片还是动画长片，都是根据动画分镜头剧本的设定将动画影片分为若干个镜头场景进行制作，很难见到只使用一个镜头完成一部影片。因此，在动画制作流程中，最后一个步骤往往是将图像或动画文件进行编辑与合成，使动画成为一部完整的作品。

动画的后期处理分为两大部分：一是合成影像；二是修剪影片。合成影像就是将三维渲染出来的影像再进行加工处理，将影像进行多层图像合成，加入特殊的环境、动态跟踪、抠像、蒙板控制、颜色校正、特技处理、声音、片头片尾和字幕等，而且这些合成操作是可以设置成关键帧记录动画的。修剪影片是将多段影片素材合成一段影片。后期合成可以使动画具有更加丰富的表现效果。

3DS max 9 给用户提供了两种后期制作的方法：Video Post 视频合成器和效果合成器。视频合成器是 3DS max 中独立的一部分，相当于一个后期处理软件，与 After Effects 或 Combustion 软件类似，具有非线性编辑及特效的处理功能，但效果与这两个软件相比较弱。效果合成器用于制作背景和大气的效果，可以与视频合成器所加的效果一起合成，并且可以直接在 3DS max 的默认渲染下同时进行。

9.2 3DS max 合成——视频合成器

视频合成器可以提供不同类型事件的合成渲染输出，包括当前场景、位图图像、图像处理功能，是 3DS max 9 的主要合成工具。在 3DS max 9 的主菜单中，选择"渲染"→"视频编辑器"选项，弹出"视频合成器"对话框，如图 9-1 所示。

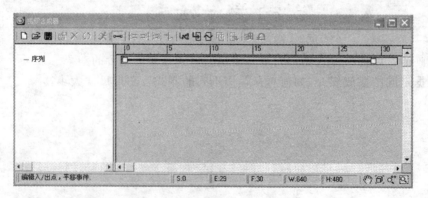

图 9-1 "视频合成器"对话框

视频合成器由工具栏、序列窗口、编辑窗口、状态栏和视图控制工具栏5部分组成。

1. 工具栏

工具栏是视频合成器的主要编辑工具,如图9-2所示。

图9-2 工具栏

　(新建序列按钮):可以将序列保存为视频编辑(vpx)文件。

　(打开序列按钮):可以打开存储在磁盘上的视频编辑序列。

　(保存序列按钮):可以将当前的文件保存到磁盘上。

　(当前编辑按钮):可以编辑当前选定事件的属性。

　(删除编辑按钮):删除视频合成器中的当前选定事件。

　(交换按钮):可以切换两个事件的位置。

　(执行序列按钮):单击此按钮,会弹出一个Video post执行对话框,用于设置输出文件的尺寸、时间范围等数据。

　(编辑范围按钮):显示在事件轨迹区域的范围提供编辑操作功能。单击此按钮后,范围以红色显示。可以根据创作者自己需要的时间范围,任意改变起始时间和结束时间帧。

　(向左对齐按钮):在多个选定范围向左对齐。

　(向右对齐按钮):在多个选定范围向右对齐。

　(长度对齐按钮):选定所有事件与当前事件长度相同。

　(当前对接按钮):上一个事件的末端与下一个事件起始端对接。

　(添加场景按钮):可以选择不同的摄像机视图添加到序列。

　(输入场景按钮):可以将静止或移动的场景添加到序列。

　(图像过滤按钮):可以控制图像和场景的图形处理。

　(增加层按钮):添加合成层在序列中。

　(输出图像按钮):编辑输出图像事件的控制。

　(外部程序序列按钮):可以添加外部事件。通常是执行图像处理的程序。

　(循环序列按钮):可以添加循环事件,并随时间的变化来控制事件的重复。

2. 序列窗口

序列窗口用于显示序列中的事件。通过序列窗口,可以改变序列的顺序和对事件的编辑。在该窗口中可以看见序列的层级关系,但在输出动画文件中最终还是由时间来决定,与序列中的顺序没有直接关系。

3. 编辑窗口

编辑窗口是通过使用时间线来显示一个镜头的长度,在时间线上可以拖动两边的端点来调整事件的起始位置和结束位置,对事件的属性进行编辑时也可以改变事件的时间,使得动画的设置更为精确。

4. 状态栏

状态栏用于显示当前事件的开始帧、结束帧、帧总数以及渲染后的宽度和高度。其中 S 栏表示起始帧，E 栏表示结束帧，F 栏表示帧的总数，W 栏表示动画渲染后的宽度，H 栏表示动画渲染后的高度。

5. 视图控制工具栏

视图控制工具栏用于控制视图编辑窗口的显示操作，主要包括平移视图、最大化显示所有帧、缩放时间及缩放区域。

通过对 3DS max 9 的后期合成介绍，使我们了解了后期合成的基本属性。下面通过一个实例加深对后期合成的理解。

实例：特效合成。

（1）在 3DS max 9 的前视图中添加背景图片，在 3DS max 9 的主菜单中，选择"视图"→"视口背景"选项或者按 Alt＋B 键，弹出"视口背景"对话框。在该对话框中单击"文件"按钮，找到要添加到视图中的背景图片，然后勾选"匹配位图"、"动画背景"、"所有视图"，如图 9-3 所示。

（2）单击"确定"按钮，可以看见在 3DS max 的 4 个视图中都添加了背景图片。这 4 个视图中的透视图是不能进行放缩的，选择其他任意视图按住鼠标中键，滚动滚轮可以看见图片在视图中的放大、缩小，这样对创作者在描绘背景上的图案时提供了很大的参考作用。当不需要背景时，将鼠标指针移动到视图的左上角并右击，在弹出的对话框中将"显示背景"勾选掉。添加背景图片如图 9-4 所示。

（3）选择前视图，并将前视图最大化显示，单击 （创建面板按钮），选择"图形"→"线"选项，在前视图中绘制与图形一致的曲线，默认命名为 line01，如图 9-5 所示。

图 9-3 "视口背景"对话框

（4）选择绘制的图形曲线，单击"修改面板"按钮，在堆栈器中选择线前面的"＋"号，在展开层级中单击曲线上的顶点，在视图中框选曲线上的点，如图 9-6 所示。

（5）右击，在弹出的对话框中选择"平滑"方式，可以看到原来的角点变得平滑，调整效果如图 9-7 所示。

（6）选择调整好的曲线，在"修改器列表"中给曲线添加一个"挤出"修改器，在"参数"展卷栏中将"数量"设为 60，如图 9-8 所示。

（7）选择挤出的图形，按住 Shift 键，并单击 line01 图形原地复制一个图形 line02，调整到另一边，用旋转工具将 line02 图形与另一半对位，结果如图 9-9 所示。

（8）单击 （创建面板按钮），选择"图形"→"圆"选项，在前视图画一个圆，命名圆 01，如图 9-10 所示。

第 9 章 动画的后期合成

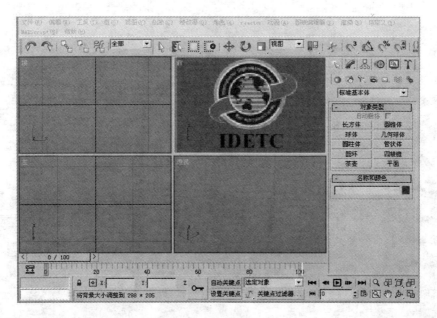

图 9-4 添加背景图片

图 9-5 绘制曲线

图 9-6 选择曲线上的顶点

图 9-7 调整平滑效果

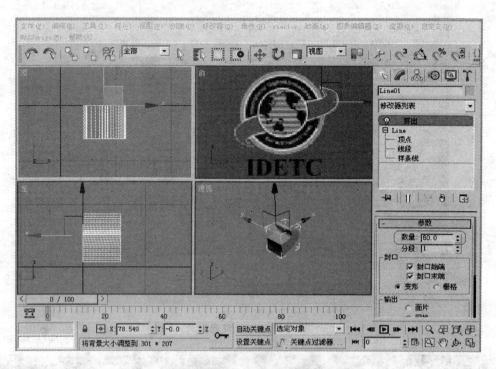

图 9-8　添加挤出修改器

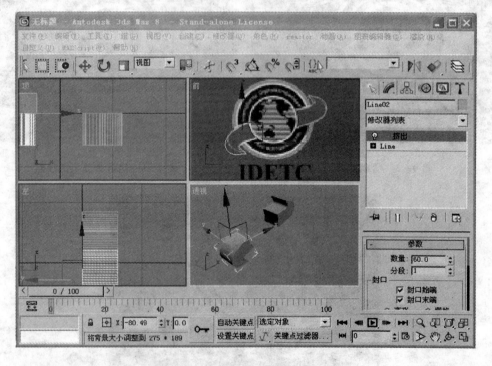

图 9-9　复制图形

(9) 选择圆 01,单击工具栏中的"缩放"按钮,按住 Shift 键复制圆 01,按照背景图上的圆形进行复制圆 02、圆 03、圆 04、圆 05 和圆 06,结果如图 9-11 所示。

第 9 章 动画的后期合成   265

图 9-10 创建圆

图 9-11 复 制

（10）选择所有的圆并右击，在弹出的对话框中选择"转换为"→"样条曲线"选项，在修改面板中选择圆 01，进入到"可编辑样条线"属性中，拖动选择"几何体"展卷栏的"附加"按钮，移动光标到视图中，可以看见十字光标上出现附加图标，拾取圆 02，这时圆 01 和圆 02 就变成一个物体。选择"修改器列表"中的"挤出"命令，为该物体添加一个"挤出"修改器，并在"参数"展卷栏中将"数量"值设为 60，结果如图 9-12 所示。

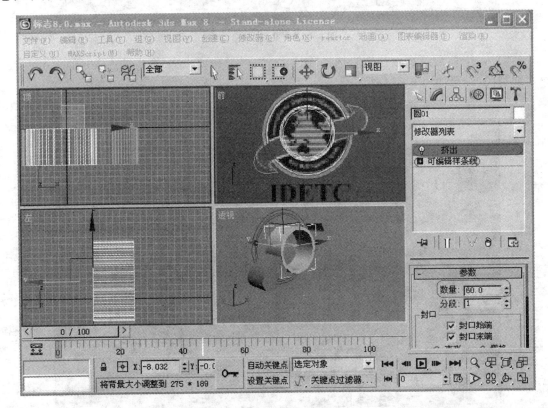

图 9-12 添加挤出修改器

（11）用同样的方法将圆 03 与圆 04、圆 05 与圆 06 结合，添加一个"挤出"修改器，并在"参数"展卷栏中分别将"数量"值设为 42 和 40，结果如图 9-13 所示。

图 9-13 设置"数量值"

（12）单击 (创建面板按钮），选择"图形"→"文字"选项，在文本中输入 ldb 的大小为 75，单击前视图，结果如图 9-14 所示。

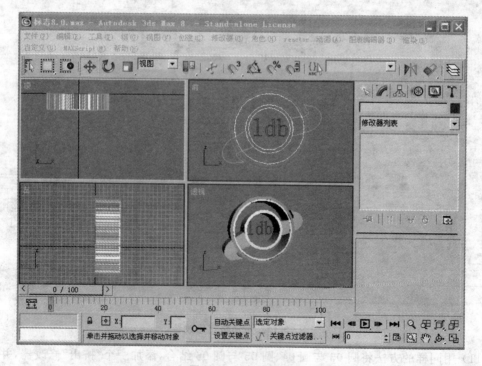

图 9-14 创建文字

(13) 选择 ldb 进入修改面板,在 Text 文字属性堆栈器中选择"参数"展卷栏,将"文字类型"选择为 Times New Roman Italic 方式,结果图 9-15 所示。

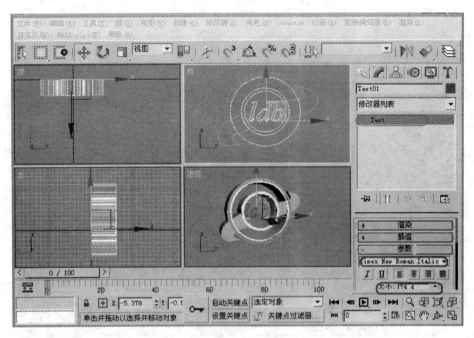

图 9-15　选择文字类型

(14) 选择 ldb,在"修改器列表"中添加一个"挤出"修改器,在"参数"展卷栏中将"数量"设为 60,结果如图 9-16 所示。

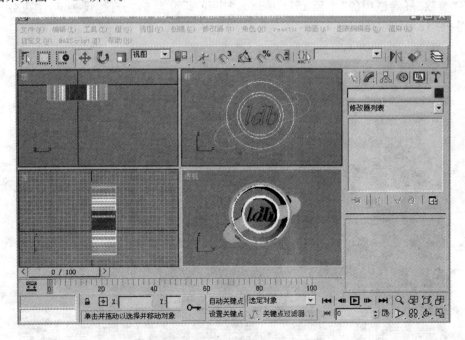

图 9-16　添加"挤出"修改器

(15) 单击 ▓（创建面板按钮），选择"几何体"→"球体"选项，在前视图创建圆球体，将"半径"设为 90，选择工具栏中的 ▓（对齐工具）按钮，让圆球体与"挤出"的圆图形中心对齐，结果如图 9-17 所示。

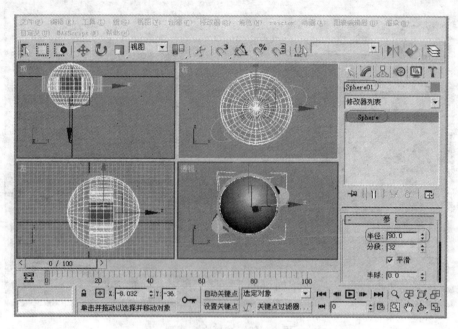

图 9-17　创建球体

(16) 单击 ▓（创建面板按钮），选择"几何体"→"圆环"选项，将前视图创建圆环物体 Torus01，将"参数"展卷栏中的"半径 1"设为 150，"半径 2"设为 6，"分段"设为 50，"边数"设为 5，结果如图 9-18 所示。

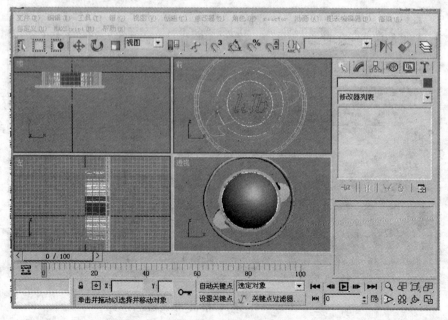

图 9-18　创建圆环

(17) 单击工具栏中的缩放按钮■,按住 Shift 键放大并复制圆环物体 Torus01 得到 Torus02,结果如图 9-19 所示。

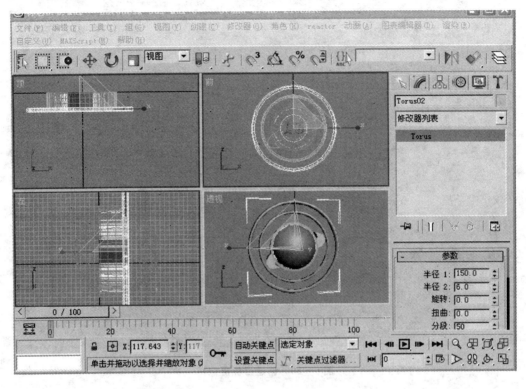

图 9-19 缩 放

(18) 单击（创建面板按钮）,选择"摄像机"→"目标摄像机"选项,在顶视图创建一台摄像机,调整摄像机的镜头参数为 24,将透视图切换为摄像机视图,按下键盘上的 C 键,可以看见原来的透视图变成摄像机 Camera01 视图,右点击摄像机视图右上角,选择显示安全框,结果如图 9-20 所示。

(19) 至此,把基本的元素模型已经做完。下面讲解简单的材质。选择圆球体并单击材质编辑器,在弹出的对话框中选择一个材质球,在"基本参数"中选择 Blinn 形式,"高光级别"参数值设为 67,"光泽度"值设为 10,双击"漫反射"旁的色块,在弹出的颜色选择器中,将红、绿、蓝的值分别设为 79、72、232,"不透明度"的值设为 37,单击"赋予材质"按钮,可以看见材质球加亮显示,结果如图 9-21 所示。

(20) 单击"渲染"按钮,结果如图 9-22 所示。

(21) 选择线 01 和 02,单击材质编辑器,在弹出的对话框中选择一个材质球,在"基本参数"中选择 Blinn 形式,"高光级别"参数值设为 0,"光泽度"值设为 0,双击"漫反射"旁的色块,在弹出的颜色选择器中,将红、绿、蓝的值分别设为 252、30、0,单击"赋予材质"按钮,可以看见材质球加亮显示,渲染结果如图 9-23 所示。

(22) 选择线 Torus01 和 Torus02,单击材质编辑器,在弹出的对话框中选择一个材质球,在"基本参数"中选择 Blinn 形式,"高光级别"参数值设为 84,"光泽度"值设为 17,双击"漫反射"旁的色块,在弹出的颜色选择器中,将红、绿、蓝的值分别设为 239、82、18,单击"赋予材质"

按钮，可以看见材质球加亮显示，渲染结果如图9-24所示。

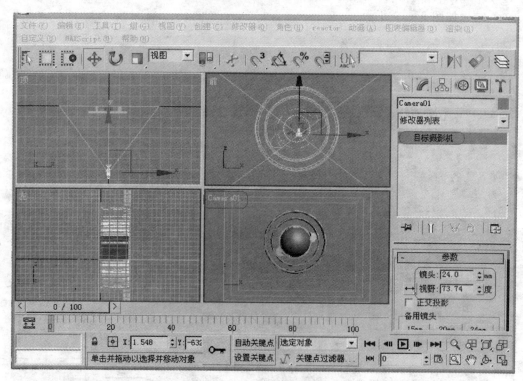

图9-20 创建目标摄像机

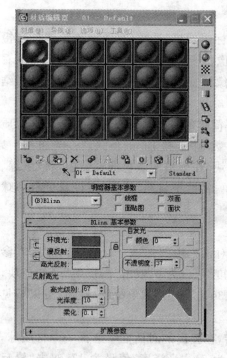

图9-21 给圆球体赋予材质

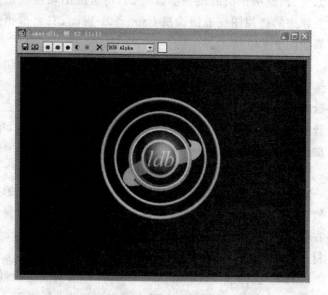

图9-22 渲染结果

第 9 章 动画的后期合成   271

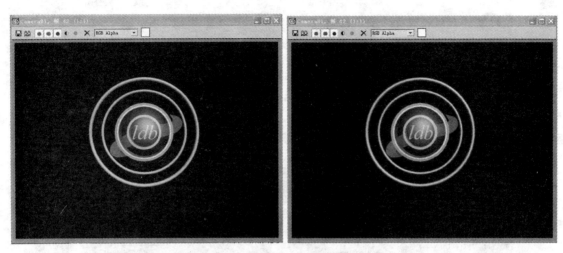

图 9-23　设置材质参数　　　　　　　　图 9-24　给 Torus 赋予材质

(23) 单击"时间配置"按钮，在弹出 Torus 对话框中，将"长度"设为 200，即 3DS max 的时间长度变为 200 帧，如图 9-25 所示。

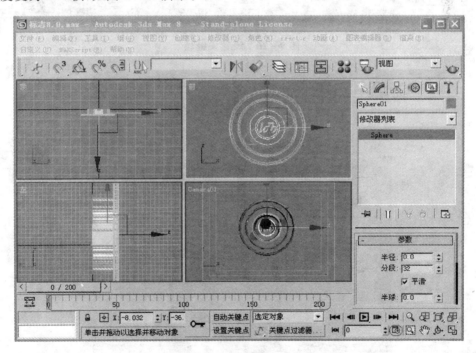

图 9-25　设置时间长度

(24) 选择圆球体，单击"自动关键点"按钮，拖动时间滑块到第 0 帧，将圆的"半径"参数设为 0，设置关键帧，再将时间滑块拖动到 100 帧，将圆的"半径"参数设为 140，设置关键帧，结果如图 9-26 所示。

(25) 按键盘上的 H 键，在弹出的"选择对象"对话框中选择 line01、line02、Text01、圆 01、圆 03 和圆 05，然后单击"选择"按钮，如图 9-27 所示。

(26) 选择主菜单中的"组"→"成组"选项，在弹出的对话框中命名为组 01，然后单击"确

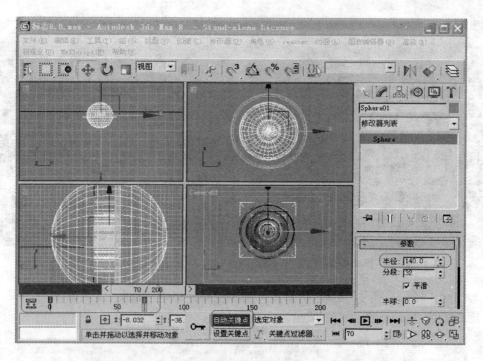

图 9-26 设置关键帧

图 9-27 选择对象

定"按钮,可以看见视图中所选的元素已变成为一个组,结果如图 9-28 所示。

(27)选择组 01,在顶视图单击工具栏中的"移动"按钮,沿 Y 轴移动 -340 单位,单击"自动关键点"按钮,时间长度已显示红色,拖动时间滑块到第 0 帧,设置一个关键帧,在摄像机视图中分别拖动时间滑块在 40 帧和 70 帧处旋转 360°,并记录为关键帧,再在顶视图中拖动时间滑块到

100帧,单击工具栏中的"移动"按钮,沿Y轴移340单位,并记录关键帧,结果如图9-29所示。

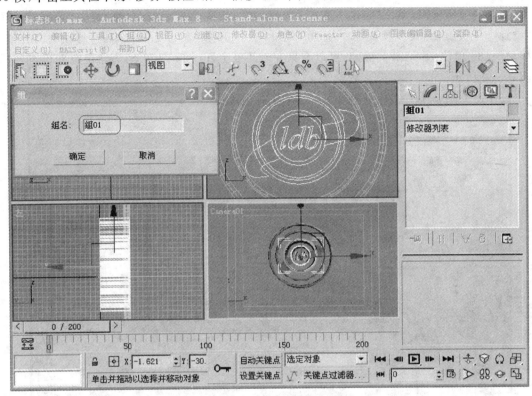

图9-28 群 组

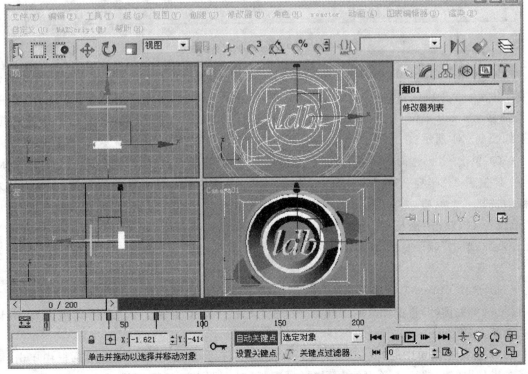

图9-29 选择组01设置关键帧

（28）选择 Torus01 和 Torus02，在顶视图单击工具栏中的"移动"按钮，沿 Y 轴移动－480 单位，再选择 Torus01，单击"自动关键点"按钮，时间长度已显示红色，拖动时间滑块到第 60 帧，设置一个关键帧，再在顶视图中拖动时间滑块到 100 帧，单击工具栏中的"移动"按钮，沿 Y 轴移动－480 单位，并记录关键帧，可以看见在时间线上 60 帧和 100 帧处已记录关键点，结果如图 9－30 所示。

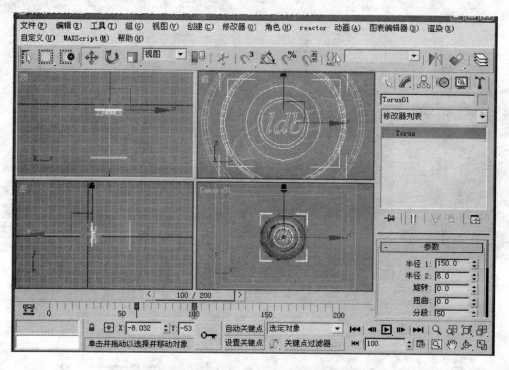

图 9－30　选择 Torus01 设置关键帧

（29）再选择 Torus01，单击"自动关键点"按钮，时间长度已显示红色，拖动时间滑块到第 80 帧，设置一个关键帧，再在顶视图中拖动时间滑块到 110 帧，单击工具栏中的"移动"按钮，沿 Y 轴移动－480 单位，并记录关键帧，可以看见在时间线上 80 帧和 110 帧处已记录关键点，结果如图 9－31 所示。

（30）单击 （创建面板按钮），选择"几何体"→"圆环"选项，在前视图创建一个圆环物体，"半径 1"值为 2，"半径 2"值为 1，"分段"值为 50，"边数"值为 9，单击材质编辑器，在弹出的对话框中选择一个材质球，在"基本参数"中选择 Blinn 形式，"高光级别"参数值设为 84，"光泽度"值设为 17，双击"漫反射"旁的色块，在弹出的颜色选择器中，将红、绿、蓝的值分别设为 239、82、18，单击"赋予材质"按钮，勾选"线框"，可以看见材质球加亮并显示线框形式，结果如图 9－32 所示。

（31）选择 Torus03，单击"自动关键点"按钮，时间长度已显示红色，拖动时间滑块到第 80 帧，设置一个关键帧，再拖动时间滑块到 200 帧，设置"半径 1"值为 140，"半径 2"值为 70，并记录关键帧，结果如图 9－33 所示。

（32）选择主菜单中的"渲染"→Video Post 选项，在弹出的 Video Post 对话框中单击"添加场景事件"按钮，然后在弹出的"添加场景事件"对话框中选择摄像机 Camera01，最后单击

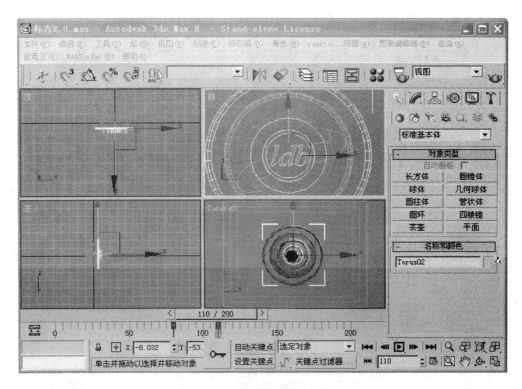

图 9-31 设置关键帧

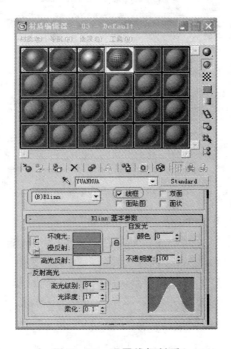

图 9-32 设置线框材质

"确定"按钮,结果如图 9-34 所示。

(33) 选择 Torus01,右击"选择属性"按钮,在"对象属性"对话框中将"对象 ID"号设为 1,

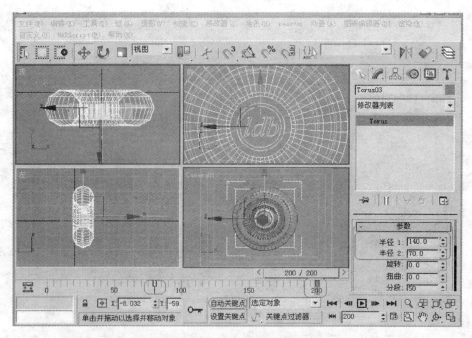

图 9-33　Torus03 设置关键帧

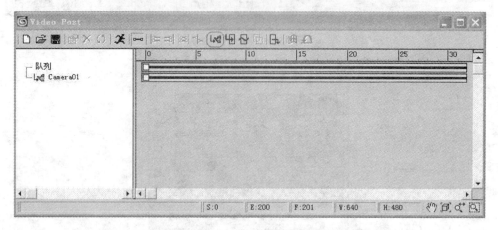

图 9-34　Video Post 对话框

用同样的方法选择 Torus02 和 Torus03,将"对象 ID"号设为 2 和 3,如图 9-35 所示。

（34）选择 Torus01,选择主菜单中的"渲染"→Video Post 选项,在弹出的 Video Post 对话框中单击"添加过滤事件"按钮,在弹出的"添加图像过滤事件"对话框中选择下拉菜单中的"镜头效果光晕",设置"开始时间"为 60,"结束时间"为 200,结果如图 9-36 所示。

（35）单击"确定"按钮,可以看见在 Video Post 的列表中添加了"镜头效果光晕",如图 9-37 所示。

（36）双击"镜头效果光晕",在弹出的"图像过滤事件"对话框中选择"设置",弹出"镜头效果光晕"对话框,单击"预览"和"VP 队列"按钮,结果如图 9-38 所示。

（37）单击"首选项"按钮,将"效果"选项区域的"大小"设为 5,勾选"颜色"选项区域的"用户",单击用户旁色块,设置红、绿、蓝值分别为 239、51、0,结果如图 9-39 所示。

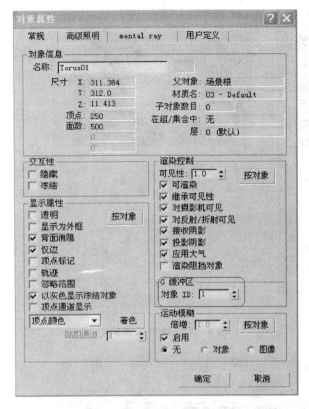

图 9-35 设置"对象 ID"号

图 9-36 "镜头效果光晕"对话框

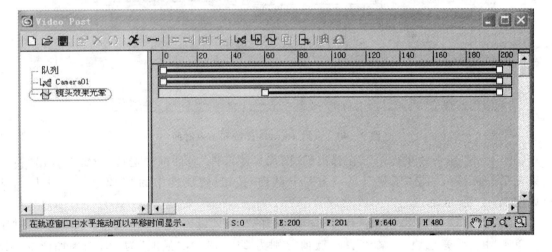

图 9-37 添加"镜头效果光晕"

(38) 选择 Torus02,在 Video Post 对话框中单击"添加过滤事件"按钮,在弹出的"添加图像过滤事件"对话框中选择下拉菜单中的"镜头效果光晕",设置"开始时间"为 80,"结束时间"为 200,然后单击"确定"按钮,结果如图 9-40 所示。

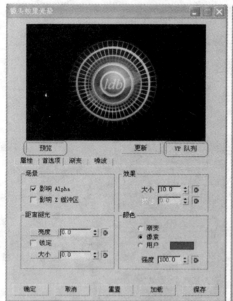
图 9-38 预览效果

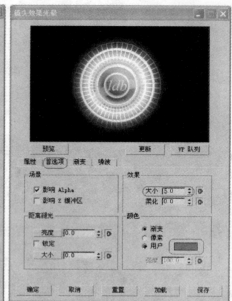
图 9-39 设置基本参数

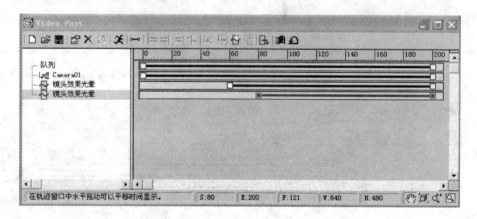
图 9-40 设置 Torus02 开始和结束时间

(39) 双击"镜头效果光晕",在弹出的"图像过滤事件"对话框中选择"设置",弹出"镜头效果光晕"对话框,单击"预览",再单击"VP 队列"按钮,将属性中的"对象 ID"号设为 2,结果如图 9-41 所示。

(40) 单击"首选项"按钮,将"效果"选项区域的"大小"设为 22,勾选"颜色"选项区域的"用户",单击"用户"旁色块,设置红、绿、蓝值分别为 243、42、0,"强度"为 70,结果如图 9-42 所示。

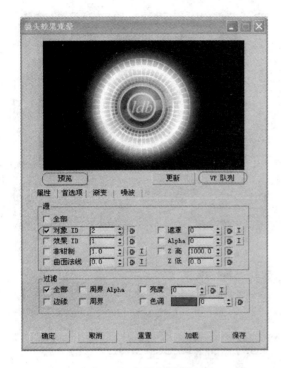 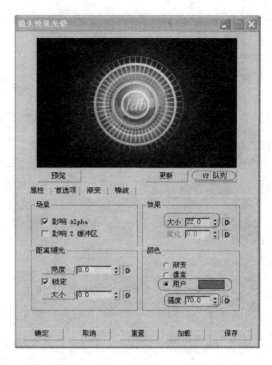

图 9-41 设置"属性"参数　　　　图 9-42 设置"首选项"参数

(41) 选择 Torus03,在 Video Post 对话框中单击"添加过滤事件"按钮,在弹出的"添加图像过滤事件"对话框中选择下拉菜单中的"镜头效果高光",设置"开始时间"为 80,"结束时间"为 200,然后单击"确定"按钮,结果如图 9-43 所示。

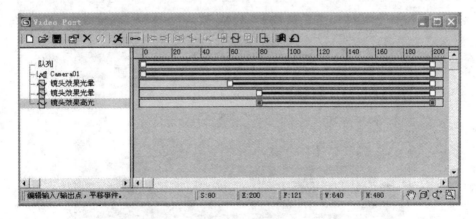

图 9-43 设置 Torus03 开始和结束时间

(42) 双击"镜头效果高光",在弹出的"图像过滤事件"对话框中选择"设置",弹出"镜头效果高光"对话框,单击"预览"按钮,再单击"VP 队列"按钮,将属性中的"对象 ID"选项设为 3,结果如图 9-44 所示。

(43) 单击"首选项"按钮,将"效果"选项区域的"大小"设为 15,"点数"设为 5,勾选"颜色"选项区域的"用户",单击"用户"旁色块,设置红、绿、蓝值分别为 255、36、0,"强度"为 20,结果如图 9-45 所示。

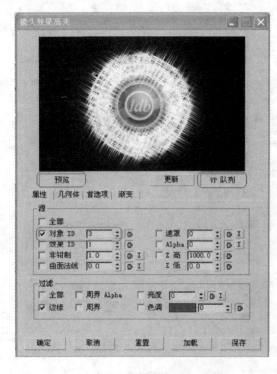

图 9-44 设置"属性"参数

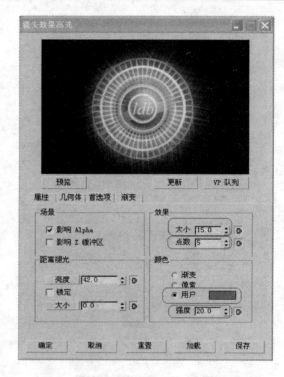

图 9-45 设置"首选项"参数

（44）在 Video Post 对话框中单击添加"图像输出事件"按钮，在弹出的"Video Post 输出选择图像文件"对话框中，"文件名"定为"标志合成"，选择保存路径，"保存类型"为"AVI 文件"格式，设置如图 9-46 所示。

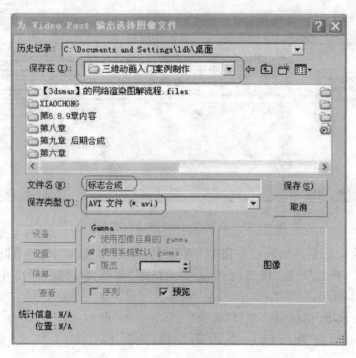

图 9-46 输出事件

(45) 单击"保存"按钮,在弹出的对话框选择默认形式,然后单击"确定"按钮,结果如图 9-47 所示。

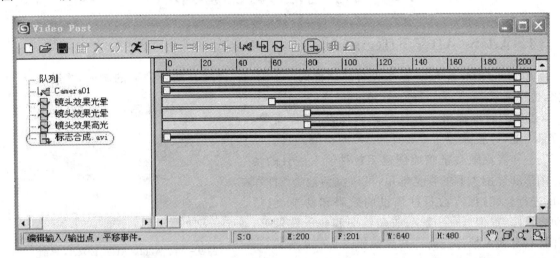

图 9-47 选择默认形式

(46) 单击 Video Post 对话框中的执行序列按钮 ✕,在弹出的对话框中选择"输出时间"为 0～200 帧,"大小"为 640×480,然后单击"渲染"按扭,结果如图 9-48 所示。

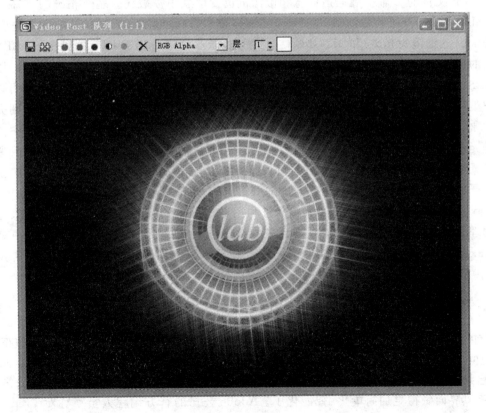

图 9-48 渲染结果

9.3 常用后期合成软件

1. Adobe After Effects

Adobe After Effects 是后期合成软件的一个霸主,伴随其功效强大的同时,操作更人性化,适用人群更广泛。特别是 Adobe After Effects 7.0 以后的版本提供了大量的动画预设,操作简单,效果专业,并且兼容了 PS 和 MAX 的功能。它可以帮助创作者高效且精确地创建无数种引人注目的动态图形和震撼人心的视觉效果;可以灵活地将 2D 和 3D 进行合成;拥有数百种预设的效果和动画,包括动态跟踪、抠像、颜色校正、矢量绘图和粒子效果等;并且具有强大插件支持。其界面如图 9-49 所示。

图 9-49 Adobe After Effects 界面

2. Combustion

Combustion 可以直接调入在 3DS max 中渲染完成的 RPF(Rich Pixel Format)文件,并且保留 RPF 文件的 Z 轴扩展通道信息和摄像机位置信息不被破坏。基于精确的 Z 轴空间信息,Combustion 的三维特效滤镜 3D Fog(三维雾化)、3D Depth of Field(三维场景深度)、3D Lens Flare(三维镜头光斑)和 3D Glow(三维发光)能够直接应用于 RPF 文件中,使 3DS max 中完成的三维动画得到进一步的效果处理;3D Motion Blur(三维运动模糊)滤镜的运用则能够使 3DS max 动画的运动更加真实而不显得过于生硬。3D Extract(三维提取)滤镜可以轻易地从渲染后的 RPF 图像中删除或者屏蔽掉任意的三维物体、材料和层,而其他部分则完全不受影响,也不需要重新渲染。这样既利于操作,又不影响速度。还可以往 RPF 文件中添加新的二维元素,并且通过调整方位和旋转 Z 轴方向的办法使新增元素能够无缝地融入到原有的三维场景中去。尤其是还可以为新添加的二维元素加上真正的三维投影和反射,这些投影和反射是严格依据原有的三维场景的轮廓和表面贴图来计算的,以达到很高的真实度。现在,在 3DS max 中能够直接调用 Combustion,并且利用 Combustion 强大的绘图合成工具来完成材质和纹理的制作,制作好的效果动态地反映在 3DS max 的场景中,随时修改,随时更新。把 3DS max 和 Combustion 这两个软件协同配合使用,可以达到事半功倍的效果。其界面如图 9-50 所示。

3. Premiere

Premiere 是 Adobe 公司的后期影片剪辑软件,目前版本是 7.0,其界面如图 9-51 所示。

Premiere 具有强大的编辑和剪辑功能、方便的素材管理功能,以及丰富的特效。更重要的是,它具有很多视频卡的硬件支持,从而拥有众多的用户群体。对于视频文件的采集,Premiere 将其界面做得更加简单化、智能化了。Adobe 公司的官方编程人员声称对 Premiere 输出系统程序进行了大幅度修改,输出的文件类型比以前多了许多。另外,只要有 DVD 刻录机,无需第三方 DVD 刻录软件的费用,再加上内置的 5.1 声道系统,可以轻松刻录自己制作的 DVD 影片。

图 9-50 Combustion 界面

图 9-51 Premiere 界面

9.4 最终动画输出

贴图烘焙技术也叫 Render To Textures，简单地说就是一种把 3DS max 光照信息渲染成贴图，而后把这个烘焙后的贴图再贴回到场景中的技术。该技术使光照信息变成了贴图，不需要 CPU 再去费时计算，只要算普通的贴图即可，所以速度极快。由于在烘焙前需要对场景进行渲染，所以贴图烘焙技术对于静帧来讲意义不大。这种技术主要应用于游戏和建筑漫游动画中，不但具有把费时的光能传递计算应用到动画中去的实用性，而且也避免了讨厌的光能传递时带来的动画抖动的麻烦。

(1) 打开配套光盘的"第 9 章烘焙场景.max"文件。该场景的灯光、材质和动画已经调整好，如图 9-52 所示。

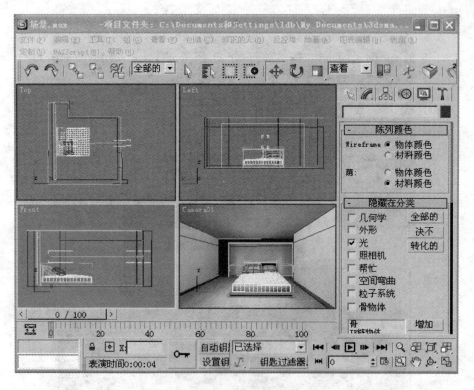

图9-52 "场景"文件

（2）选择主菜单中的"渲染"→"高级照明"→Radiosity（光能传递）选项，弹出如图9-53所示的"光能传递"对话框。

（3）单击"重新安排"按钮，可以看见系统开始对场景进行自动计算，计算结束时为100%，单击参数属性下的stup（安装）按钮，在弹出的"环境与效果"对话框的"暴露控制"展卷栏中选择"对数的暴露控制"，单击"呈递预览"按钮，如图9-54所示。

（4）单击主菜单的"渲染"按钮或者按下键盘上的0键，弹出如图9-55所示的对话框。该对话框由5部分展卷栏组成，分别是"普通设置"、"物体到烘焙"、"输出"、"烘焙材料"和"映射"展卷栏。

（5）下面指定输出路径。"普通设置"展卷栏属性由输出路径和设置构成。一般情况下指定输出路径，只要将烘焙出来的文件存储在一个空间较大的磁盘上，而"设置"下面的参数采用默认即可，如图9-56所示。

（6）用"选择"工具选择视图中的所有物体，可以在"物体到烘焙"展卷栏的下拉菜单中看见所有物体

图9-53 "光能传递"对话框

的名称,如图9-57所示。

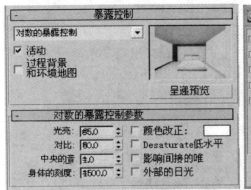

图9-54 设置暴露控制　　　　　图9-55 呈递到组织对话框

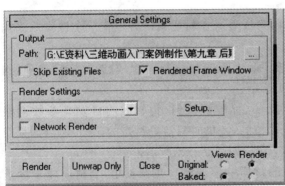

图9-56 指定输出路径　　　　　图9-57 烘焙物体名称

（7）在"输出"展卷栏中单击"增加"按钮,在弹出的对话框中选择 CompleteMap 选项,然后单击"增加原理"按钮,如图9-58所示。

（8）现在可以看见在"输出"展卷栏中加载了 CompleteMap 文件。将"目标地图缝"项设为"散播颜色"方式,图像大小参数设为768×768(在这里,根据创作者的需要,图像大小参数可以自己定义,也可以使用自动形式),如图9-59所示。

（9）在"烘焙材料"展卷栏中,将"烘焙材料设置"选择为"标准 Blinn"形式,如图9-60所示。

 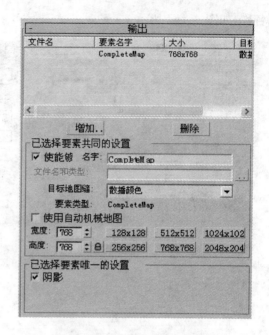

图 9-58　选择 CompleteMap 选项　　　图 9-59　设置输出的属性参数

（10）"自动映射"使用默认形式，单击"渲染"按钮并通过系统计算后，可以看见在场景的每一个物体材质添加了一个自动机械变平 UVs 修改器。当前烘焙渲染效果如图 9-61 所示。

（11）单击"材质编辑器"按钮，弹出"材料/地图浏览器"对话框，在该对话框中勾选"现场"，再勾选"地图"，如图 9-62 所示。

（12）双击材质浏览器中的第一个材质球，可以看见在材质编辑器中有一个材质球添加了白边效果，如图 9-63 所示。

（13）在材质编辑器中选择"外壳材质参数"属性下的"烘焙材料"，勾选"呈递"选项，这时可以看见材质球变成烘焙的贴图，如图 9-64 所示。

（14）单击"烘焙材料"下的"baked-13 默认（标准）"按钮，将材质的自发光参数调整为100，由于贴图烘焙技术在做动画时是将灯光关掉的，渲染时只渲染烘焙的贴图，所以如果自发光参数不调整为 100，则最终渲染的场景将是黑的，如图 9-65 所示。

（15）按照以上的步骤，将材质浏览器中的材质一一调整。在调整中，当材质属于标准材质时，则不需要进行调整。单击浏览器中"查看列表"图标，可以看见材质的变化，如图 9-66 所示。

（16）将视图中的所有灯光关闭，单击"渲染"按钮，这时可以看见速度非常之快，但效果并未减弱。在渲染动画时，还可解决闪烁问题，这是做建筑游离动画常用的方法。渲染结果如图 9-67 所示。

第9章 动画的后期合成

图9-60 选择Blinn形式

图9-61 当前烘焙渲染效果

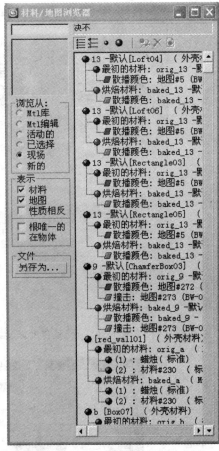

图9-62 "材料/地图浏览器"对话框

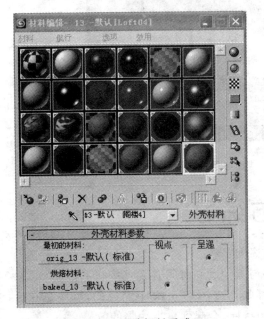

图9-63 选择材质球

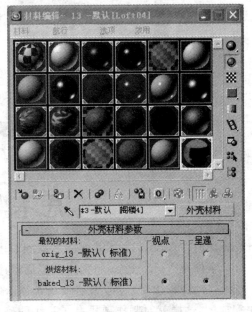

图9-64 烘焙贴图

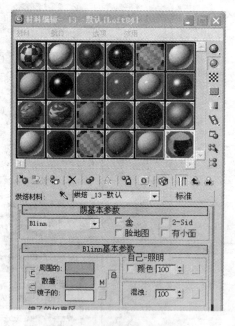 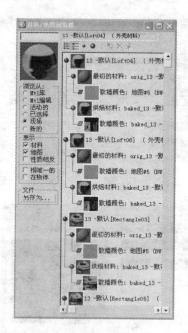

图 9-65　调整自发光参数　　　　图 9-66　材质变化

图 9-67　渲染结果

思考与练习

（1）如何在 Video Psot 下合成渲染和输出序列？

（2）事件在 Video Psot 序列中的先后顺序与其他动画时间有无直接联系？

（3）在动画输出时，应考虑动画场景镜头哪些是在 3DS max 中完成的，哪些是在后期合成中完成的，这样就对制作项目有了一个明确的目标，会起到事半功倍的效果。

附录　光盘内容说明

为了帮助读者学习和使用，本书制作了配套资料光盘，其包含内容如下：

1. 文件夹"第 3 章"中即本书第 3 章中调用的模型线框文件和制作完成后的模型图片，包括：
(1)基本三维元素建模实例(吧台模型见"吧台.max"文件)；
(2)基本二维元素建模实例(倒角轮廓模型见"倒角轮廓.max"文件，门及门套模型见"门及门套.max"文件)；
(3)放样建模实例(椅子模型见"椅子.max"文件，牙膏模型见"牙膏.max"文件，柱子模型见"柱子.max"文件，叉子模型(参考模型)见"叉子.max"文件)；
(4)复合物体建模实例(啤酒瓶盖模型见"瓶盖.max"文件)；
(5)多边形建模实例(泥塑马模型见"泥塑马.max"文件)；
(6)部分制作完成后的模型图片。

2. 文件夹"第 4 章"中包括：
(1)将材质赋予指定对象(场景 1 模型见"场景 1.max"文件)；
(2)制作场景材质贴图(场景 2 模型见"场景 2.max"文件)；
(3)制作苹果纹理贴图(场景——苹果模型见"场景——苹果.max"文件)；
(4)实例(场景 3 模型见"场景 3.max"文件)。

3. 文件夹"第 5 章"中包括：
(1)泛光灯的建立(泥塑马模型见"泥塑马.max"文件)；
(2)创建平行灯灯光(家装模型见"家装.max"文件)；
(3)"光度学"灯光的应用(高级照明场景——家装模型见"高级照明场景——家装.max"文件)；
(4)"光域网"的应用(高级照明场景模型见"高级照明场景.max"文件)。

4. 文件夹"第 6 章"中包括：
(1)时间匹配动画实例(所用文件为"起倒立.bip"文件，最终效果见"起倒立动画.avi"文件)；
(2)蝴蝶沿路径飞行动画实例(所用文件为"蝴蝶模型.max"文件，最终效果见"蝴蝶飞行动画.avi"文件)；
(3)蝴蝶的动画实例(所用文件为"蝴蝶模型.max"文件，最终效果见"蝴蝶动画.avi"文件)；
(4)创建摄像机实例(所用文件为第 6 章"简单模型.max"文件)；
(5)五角星动画实例(所用文件为"五角星.max"及"背景音乐.wav"文件，最终效果见"五角星动画.avi"文件)。

5. 文件夹"第 7 章"中包括粒子系统效果（所用文件为"油桶倒油.max"文件，最终效果见"油桶倒油.avi"文件和"木纹.jpg"材质图片）。

6. 文件夹"第 8 章"中包括室内漫游效果（所用文件为"室内漫游模型.max"文件，最终效果见"室内漫游动画.avi"文件）。

7. 文件夹"第 9 章"中包括：
(1) 特效合成实例（所用文件为"标志合成.max"文件，最终效果见"标志合成.avi"文件）；
(2) 贴图烘焙技术（所用文件为"烘焙场景.max"文件，最终效果见"贴图烘焙.avi"文件）。

8. 文件夹"材质（第 4 章附带内容）"中还包含了一些动画制作的常用素材，读者可参考学习。

注：配套光盘中的"xx.zip"类型文件是属于该实例的最终压缩文件，当读者用 3DSmax 软件打开时材质不会丢失。

参考文献

[1] [日]动画六人之会.动画基础教程.马然,译.北京:中国青年出版社,2005.
[2] [英]克里斯.帕特莫尔.英国动画设计基础教程.上海:上海人民美术出版社,2005.
[3] 严定宪,林文肖.动画技法.北京:中国电影出版社,2001.
[4] [美]芬利.考恩.奇幻卡通创作技法——人物造型篇.北京:中国青年出版社,2006.
[5] [美]蒂纳.人物默写教程.上海:上海画报出版社,2003.
[6] 孙立军,李捷.现代动画设计.河北:河北美术出版社,2001.
[7] [日]尾泽直志.日本动漫人物造型基础教程.上海:上海人民出版社,2003.
[8] 邱玉辉.3DS MAX电脑三维动画设计.重庆:西南师范大学出版社,2006.

IDETCO 大学计划简介

IDETCO 的英文全称为 International Digital & Embedded Technology Certificate Org，中文全称为国际数码及嵌入式技术教育（认证）机构，简称 IDETCO(Registration Number 53042804X)。2005 年 4 月 15 日，IDETCO 由一批专家发起，并创建于新加坡。Prof. Sven E Widmalm(见右图)是美国 University of Michigan 教授，国际知名专家，IDETCO 认证委员会主席。IDETCO 创立的目的是在全球范围发展科技职业教育，提供国际标准的科技培训设备、教材到认证评估、职业推荐的教育体系。IDETCO 的培训学习认证体系受到一批跨国公司和国际权威人事部门的认可。

数码及嵌入式技术近年来在全世界范围内掀起了一次新的浪潮。动画动漫技术已经形成了一个新的创意产业，也成为许多企业需求人才必备的一项技能。

很多高校的相关课程面临老化，已不符合时代的要求，为了帮助大中专院校教育资源有效发挥，特推出 IDETCO 大学计划。参与 IDETCO 大学计划的院校将免费获得 IDETCO 赠送的实验设备，并可申请 IDETCO 授权，成为 IDETCO 嵌入式认证体系会员学校，享受课程体系置换，相关专业师资培养，课程体系制定，嵌入式技术认证，学生就业指导等一系列教学指导服务。

IDETCO 目前提供的专业课程及认证如下：

- 手机原理及维修维护证书（编号 IDETC031501）；
- 汽车电子原理及维修维护证书（编号 IDETC081501）；
- 笔记本电脑原理及维修维护证书（编号 IDETC031504）；
- 数码相机原理及维修维护证书（编号 IDETC101501）；
- MP4/MP3 数码产品及维修维护证书（编号 IDETC101508）；
- 嵌入式系统(X86)及操作系统证书（编号 IDETC071503）；
- 单片机(51 系列)与 CPLD(FPGA)技术证书（编号 IDETC071505）；
- 嵌入式系统(ARM7/9)及操作系统证书（编号 IDETC071501）；
- 嵌入式系统(T-ENGINE)及操作系统证书（编号 IDETC071502）；
- 可编程逻辑器件及描述语言(FPGA/VHDL)证书（编号 IDETC031502）；
- 软件工程(数据库方向)证书（编号 IDETC031503）；
- 三维动画与动漫设计证书（编号 IDETC031505）。

1. 如何加盟 IDETCO 大学计划？

请院校负责人与 IDETCO 大学计划中国总代理西安西雅图数码科技有限公司联系,签订合作协议及合同书之后就可以实施 IDETCO 大学计划(具体操作请登录 WWW.IEEETC.COM)。

2. 如何联系 IDETCO 大学计划实施者？

电话支持：029 – 87607218/87669882,13152196656
网站支持：WWW.IEEETC.COM
邮件支持：IDETCO@hotmail.com,edtyang@163.com